LA NATURE

120 DÉCOUVERTES SCIENTIFIQUES POUR TOUT COMPRENDRE

Maquette et mise en page : Agence Twapimoa

ISBN 978-2-84933-507-9

Note de l'éditeur : l'auteur et l'éditeur déclinent toute responsabilité provenant directement ou indirectement de l'utilisation de ce livre. Les déclarations faites par l'auteur concernant les produits, les processus, méthodes de traitements représentent uniquement les idées et opinions de l'auteur et ne constituent en aucun cas une recommandation ou une approbation de tout produit ou traitement par l'éditeur.

www.editions-tredaniel.com
info@guytredaniel.fr
www.facebook.com/editions.tredaniel

GILLES HARPOUTIAN

LA NATURE
120 DÉCOUVERTES SCIENTIFIQUES

— POUR TOUT COMPRENDRE —

Éditions CONTRE-DIRES

SOMMAIRE

PRÉFACE

Dans un présent aux accents futuristes, où l'innovation radicale et la disruption technologique deviennent le fer de lance de la recherche scientifique, des biologistes partent à la rencontre du monde vivant tel qu'il existe depuis des millions d'années. On pourrait croire que ces scientifiques sont hors du temps, qu'ils travaillent au rythme des chants d'oiseaux, titillés par les odeurs rassurantes d'humus des forêts primaires, mais il n'en est rien. Ils n'ont plus ce loisir qui permettait à Charles Darwin de méditer au gré du vent pendant plusieurs années.

Le programme « Nature » serait-il sur le point de boguer ?

En 2019, les chercheurs doivent explorer la planète plus vite que jamais. À quelques mois près, leurs travaux peuvent être irrémédiablement compromis. Pourquoi ? Parce que le bouleversement climatique et l'évolution des écosystèmes modifient brutalement une part importante de tout ce qu'ils observent. Par où commencer, que faire ? Que voudront connaître les prochaines générations ? Quelle chance que de pouvoir encore examiner certains lieux, tels qu'ils existent depuis des centaines de milliers d'années. De référencer une nouvelle espèce de papillons des Pyrénées. D'être ébloui pour la toute première fois par la luminescence multicolore du poisson Aphrodite. Chaque nouvelle espèce est décrite, génétiquement analysée, référencée… et classée dans la liste rouge des animaux en voie de disparition.

Le biosom, imaginé par Michel Serres pour symboliser le corps global constitué de l'ensemble des espèces vivantes, se meurt. On réalise un peu tardivement que les humains ont tout à apprendre de leurs physiologies. Le biomimétisme a débuté aux origines de l'humanité, quand les populations apprirent à se maquiller la peau comme les dessins de pelages d'animaux pour faire fuir les insectes. Il se poursuit en apprivoisant la mécanique biologique et génétique des organismes les plus variés.

Nous ne sommes qu'une espèce parmi d'autres, **mais nous ne serons plus jamais une espèce comme les autres.**

C'est pourquoi, dans une époque où le terrain de jeu des scientifiques se compte en milliards d'années…

Dans un moment de confusion générale où les conséquences des dérèglements et autres disparitions massives se mesureront en millions d'années…

Dans un monde en déliquescence, où la Nature nous rappelle trop tard qu'elle est fragile et où l'anxiété qui en résulte devient la maladie du siècle...

Je me suis posé.

J'ai voulu prendre symboliquement un instantané des découvertes les plus marquantes des années 2018/2019. Faire métaphoriquement le guet aux côtés de mes amis chercheurs, et arracher tant bien que mal à cette inquiétude généralisée des ondes positives. Grâce aux perroquets kéas de Nouvelle-Zélande qui se transmettent des fous rires, mais également aux impensables crêtes punk de la tortue australienne Mary River. Connaissez-vous Pando, l'arbre-forêt, le plus grand organisme de la planète ? Les dernières découvertes nous révèlent l'existence de plantes qui se camouflent, contiennent de l'or, lisent l'heure ou asservissent les insectes…

Dans les pages qui suivent, je vous propose de comprendre comment les végétaux se défendent, prennent des risques, ressentent les odeurs, le toucher, le son. Vous constaterez que les végétaux agissent parfois comme des animaux, et inversement. Vous admettrez, même si cela peut encore sembler farfelu à certains, que les baleines mènent des révolutions culturelles et que les moustiques sont distraits par la musique électronique. Finalement, ces 120 découvertes seront peut-être – du moins je l'espère – autant d'occasions d'oublier le catastrophisme ambiant et de vous laisser gagner par le bonheur extatique que nous offre l'observation de la Nature.

POUR EN SAVOIR PLUS

Peut-être l'avez-vous déjà compris, la gageure perdue d'avance sera de ne pas toujours pouvoir vulgariser techniquement certaines découvertes. Ce n'est pas mon objectif ! Celui-ci n'est que de vous transmettre un étonnement que vous aurez plaisir à rapporter à votre famille ou à vos amis. Cependant, à l'attention des plus curieux, dès que cela est possible, nous plaçons à proximité de la reliure le DOI, acronyme barbare de *Digital Object Identifier,* qui se présente sous la forme « DOI : 10.1126/science.aah5982 ». C'est l'adresse Internet de la publication scientifique à l'origine de mon propos. Il vous suffira de recopier dans un navigateur ces quelques caractères pour découvrir le détail des travaux dont il est question.

CHAPITRE 1

GÉNIE VÉGÉTAL

PANDO, L'ARBRE-FORÊT, LE PLUS GRAND ORGANISME DE LA PLANÈTE

Le peuplier faux-tremble *(Populus tremuloides)* est une espèce d'arbres native des régions les plus froides d'Amérique du Nord. Il doit son nom à la danse fébrile qui agite ses feuilles à la moindre brise de vent et qui donne à l'ensemble de son feuillage l'allure d'une installation éphémère d'art contemporain. On le retrouve sur l'ensemble du territoire canadien, jusque dans certaines régions plus chaudes des États-Unis, telles que l'Utah, non loin des déserts du Nevada. Que vient faire une essence d'arbre

Ici, ce n'est pas l'arbre qui cache la forêt, mais la forêt qui cache l'arbre : **les 43 hectares de Pando ne sont faits que d'un seul arbre !**

« Mule deer impede Pando's recovery : Implications for aspen resilience from a single-genotype forest » par Paul C. Rogers. ;

Pando couvre 43 hectares dans la forêt nationale Fishlake du centre de l'Utah.

© Lance Oditt, Studio 47.60 North

aussi commune dans une sélection de découvertes telle que la nôtre ? Eh bien « Pando », pardi ! L'organisme végétal le plus étendu de la planète, et certainement parmi les plus âgés.

Explication : on retrouve dans l'Utah une forêt exceptionnelle, constituée de 40 000 peupliers faux-trembles qui ne sont que l'exacte réplique génétique d'un seul et même individu. Un arbre originel qui serait âgé de plus de 80 000 ans ! Cependant, les scientifiques, dont le biologiste Paul Rogers à l'origine d'une étude récente, lancent un signal de détresse. L'analyse de la chronologie photographique reproduite ci-contre sur plusieurs décennies révèle une tragédie moderne : le « géant tremblant » qui dure depuis des millénaires ne survivra peut-être pas à un demi-siècle d'ingérence humaine…

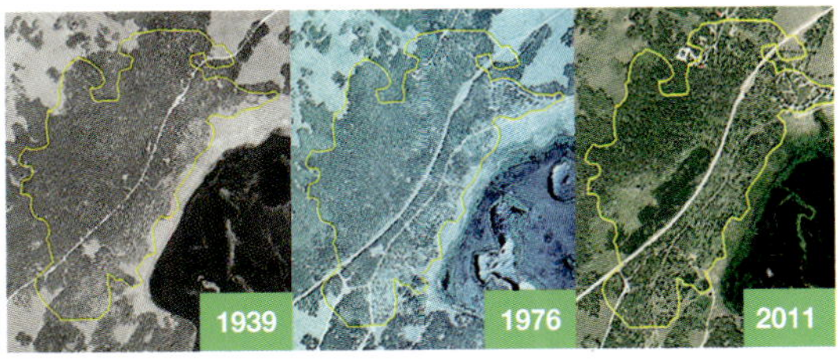

© US. Department of Agriculture, Aerial Photography Field Office

CE QU'IL FAUT EN RETENIR

L'extinction progressive de cet arbre-forêt induit la disparition de l'immense biodiversité qu'elle abrite depuis 80 000 ans.

SELF-DÉFENSE DES PLANTES

Connaissez-vous la légende mythologique de l'Hydre de Lerne? Le monstre avait de nombreuses têtes. Chaque fois qu'Hercule coupait l'une d'entre elles, il en repoussait immédiatement plusieurs.
Certaines plantes se comportent comme l'Hydre. Coupez une de leurs branches et plusieurs repousseront plus grandes et vigoureuses que jamais. On appelle cela la « surcompensation ». Une découverte révèle les secrets de ce « super-pouvoir » : suite à un événement, un stress environnemental, la plante se renforce grâce à ses défenses chimiques. C'est ainsi que certaines espèces, qui surcompensent après avoir été endommagées, ont un bien meilleur rendement reproductif en produisant plus de graines. Et plus étonnant encore, elles adaptent les produits chimiques de leurs tissus en les rendant plus défensifs – pour empoisonner une chenille par exemple.

Certaines plantes deviennent **« grosses et méchantes »** lorsqu'elles sont coupées !

D'autres, en réponse au broutage d'animaux sauvages, multiplient leurs génomes. Ainsi, le gilia écarlate, une plante à fleurs rouges qui pousse dans l'ouest de l'Amérique du Nord, est brouté par le wapiti et le cerf-mulet. Le biologiste Ken Paige a constaté une augmentation de sa croissance de deux à trois fois son volume après avoir été partiellement mangée. Mais l'idée que le broutage puisse améliorer le cycle de reproduction est contre-intuitive et il aura fallu de nombreuses années pour que la communauté scientifique mondiale accepte la réalité de ce surprenant phénomène, au point que Ken Paige est l'un des seuls biologistes à étudier la surcompensation végétale…

Ken Paige, professeur à l'université de l'Illinois (à gauche), et son doctorant Miles Mesa ont étudié le fonctionnement moléculaire de l'autodéfense des plantes.

« Molecular constraints on resistance–tolerance trade'offs » par Ken N. Paige.
Ecology, juillet 2017 · DOI : 10.1002/ecy.1948

CE QU'IL FAUT EN RETENIR

Ces nouvelles découvertes pourraient conduire un jour à de meilleurs rendements agricoles tout en supprimant l'utilisation de pesticides…

LES PLANTES PRENNENT DES RISQUES !

Lorsque des humains prennent des décisions difficiles qui impliquent leur futur, ils font la balance entre avantages et inconvénients pour finalement prendre un risque. Le risque que l'objectif ne soit pas atteint, ou pire encore, qu'il ait des conséquences négatives. La communauté scientifique fut très surprise lorsque des chercheurs annoncèrent avoir démontré que les pois font également des choix quant à leur croissance en se basant sur une évaluation des risques.

Pour y parvenir, Alex Kacelnik du Tel-Hai College en Israël a cultivé des plants de pois dont les racines étaient partagées entre deux pots. Les pois ont donc été confrontés à une décision essentielle pour leur croissance : déployer les racines vers l'un ou l'autre pot.

Cette découverte prouve pour la première fois qu'une **réponse adaptative au risque** est possible chez des organismes sans aucun système nerveux.

Lors d'une première expérience, les plantes poussaient plus profondément dans le pot contenant le plus de nutriments. Lors de la seconde, ils ont réparti les racines entre des pots qui offraient un apport de nutriments équivalent mais l'un avec un flux constant et l'autre irrégulier.

Les pois préférèrent le pot apportant des quantités variables de nutriments, quitte à en avoir moins que dans le pot à flux constant. À leur grande surprise, les chercheurs ont pu prédire cette décision en utilisant un modèle de prise de risque développé par des économistes pour les décideurs humains…

Les chercheurs comparent le choix que les pois devaient faire à une personne devant décider entre prendre 800 € ou lancer une pièce pour avoir une chance sur deux de gagner 1 000 €. Si vous aviez impérativement besoin de 900 €, l'option la moins risquée est forcément décevante. De même, le choix stratégique le plus efficace d'un organisme n'est pas forcément le plus raisonnable.

« Pea Plants Show Risk Sensitivity » par E. Dener ;

CE QU'IL FAUT EN RETENIR

Sur la base d'analyses relevant de la psychologie humaine, le chercheur a pu prédire que les plantes accepteraient le risque de ne pas avoir de nourriture.

LE MONDE VU PAR LES PLANTES

Les plantes peuvent à leur manière voir, entendre, sentir et réagir aux signaux ainsi qu'aux dangers environnementaux. Et elles le font à l'aide de centaines de protéines membranaires à la surface de leurs feuilles qui détectent les microbes ou les événements externes, « les stress ». Pour la première fois, des chercheurs ont pu référencer le fonctionnement de 200 de ces protéines et regrouper ces informations au sein d'une cartographie. Cet atlas n'est pas simplement révolutionnaire parce qu'il fait la lumière sur des protéines clés, le plus étonnant est qu'il révèle également des interactions inconnues.

Une étude révolutionnaire montre comment les plantes perçoivent le monde grâce à **600 types de récepteurs sensoriels**, soit 50 fois plus que les humains !

Pris sous l'angle biochimique, les êtres humains n'ont pas simplement cinq sens, mais douze récepteurs sensoriels. Les principaux étant ceux qui permettent de capter la luminosité (vue), les variations de température, la sensation de douleur, les stimuli chimiques (odorat, goût), les variations mécaniques (toucher), etc. Comparativement, l'Arabette des dames *(Arabidopsis thaliana)* utilisée pour cette étude contient plus de 600 récepteurs sensoriels différents, soit 50 fois plus que les humains !
La compréhension de ces interactions inédites entre un organisme et son environnement pourrait permettre à l'avenir d'accroître artificiellement la résistance de certaines plantes aux maladies ou à la chaleur, à la sécheresse, à la salinité et même au froid. Rien de moins !

Page ci-contre, la surface des feuilles de l'Arabette des dames contenant les récepteurs sensoriels référencés dans cette expérience.
L'Arabette est une plante de petite taille que l'on retrouve sur plusieurs continents, notamment en Europe, en Asie et en Afrique. Son cycle de vie est particulièrement rapide (six semaines de graines à graines), elle est résistante et peut s'autoféconder. Ces qualités en font un organisme modèle de référence qu'il s'agisse d'évolution, de génétique ou comme ici, de recherche fondamentale.

« An extracellular network of Arabidopsis leucine-rich repeat receptor kinases » par David S. Guttman et coll. ;

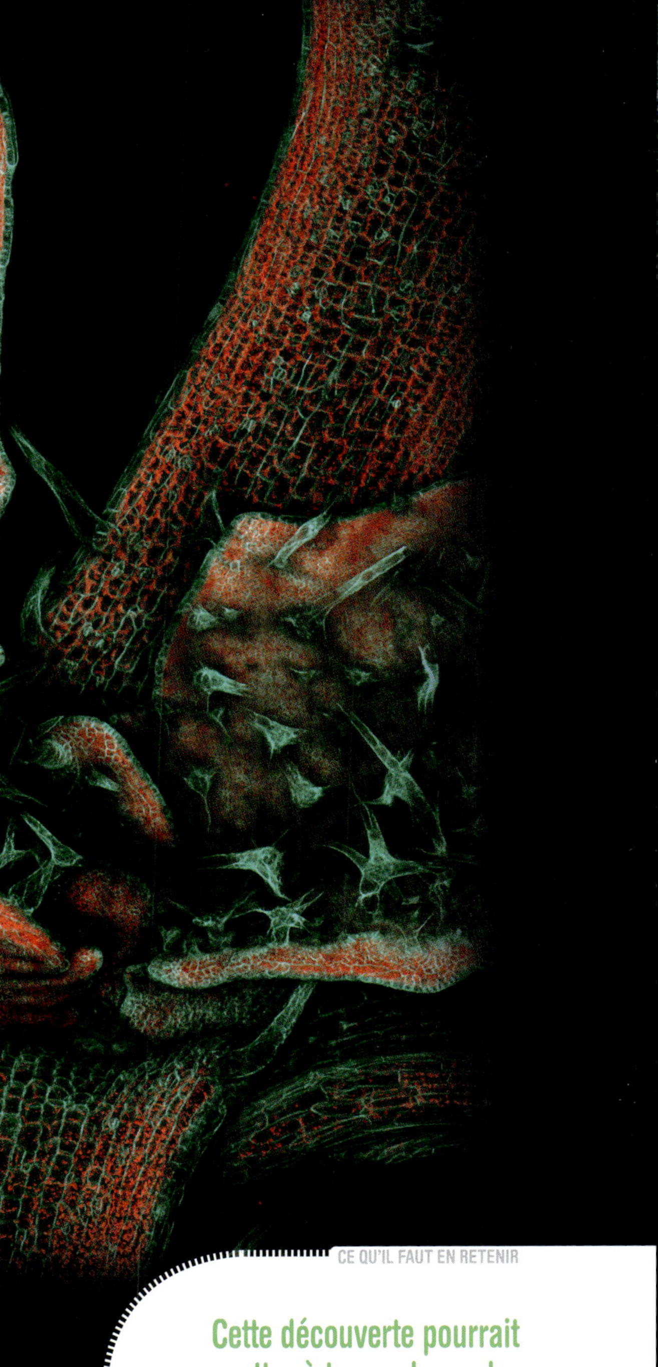

CE QU'IL FAUT EN RETENIR

Cette découverte pourrait permettre à terme de rendre n'importe quelle plante résistante au réchauffement climatique ou aux maladies.

LA PLANTE COMME UNE HORLOGE

Les plantes, les animaux, les champignons et certaines bactéries peuvent estimer l'heure à l'aide de leurs rythmes circadiens. Ces rythmes sont régis par une « horloge interne » qui contrôle par exemple, le moment où les plantes poussent. Ou lorsque leurs fleurs s'ouvrent et libèrent un parfum. Les rythmes circadiens permettent aux plantes d'utiliser avec précision leurs précieuses réserves d'énergie afin de ne pas « mourir de faim » la nuit en ayant gaspillé leurs réserves de vitalité au mauvais moment.

Comme les animaux, les champignons et certaines bactéries, **les plantes peuvent estimer l'heure exacte** à l'aide de leurs rythmes circadiens.

Pour connaître l'heure, la plante va sonder en permanence les sucres issus de la photosynthèse pour exploiter au mieux la lumière du soleil. Selon les chercheurs à l'origine de ces travaux, la découverte d'un tel mécanisme qui synchronise l'horloge du corps de la plante avec le temps passé dans l'environnement leur a permis d'identifier un nouveau processus. Celui-ci pourrait être exploité à l'avenir pour multiplier les performances des cultures, et ce, sans aucun engrais. C'est un sujet essentiel tant pour l'agriculture biologique que pour l'agronomie industrielle à l'heure du défi écologique. C'est pourquoi la découverte récente d'un processus physiologique permettant d'ajuster la synchronisation de l'horloge biologique des cultures est potentiellement « révolutionnaire »...

Ci-contre, la représentation artistique de l'horloge circadienne d'une plante.

« **Circadian Entrainment in Arabidopsis** » par **Cleverson Matiolli et coll.**
Current Biology, août 2018 : DOI : 10.1016/j. cub.2018.05.092

CE QU'IL FAUT EN RETENIR

La découverte d'un mécanisme qui synchronise l'horloge de la plante avec l'heure réelle permettrait de démultiplier les performances des cultures.

Contrairement aux animaux, les plantes ne peuvent pas fuir. En revanche, elles semblent disposer de systèmes complexes de défense et surveillent leur environnement.

LE SENS TACTILE DES PLANTES

Le simple fait que des gouttelettes d'eau se posent sur une feuille provoque une réaction complexe à l'intérieur des plantes, selon des scientifiques de l'Université d'Australie Occidentale. Une réaction similaire se produirait également lorsque les plantes sont touchées par des animaux, *a fortiori* des

Les plantes réagissent différemment selon la façon dont nous les touchons !

« Mitochondrial and Chloroplast Stress Responses Are Modulated in Distinct Touch and Chemical Inhibition Phases » par Olivier Van Aken et coll. ; *Plant Physiology*, juillet 2016 ; DOI : 10.1104/pp.16.0097

humains. Suggérant ainsi qu'elles sont parfaitement conscientes de ce qui leur arrive. Cette réponse tactile permettrait à la plante de se défendre d'un éventuel danger ou de tirer profit des changements de temps.

Olivier Van Aken, chercheur en biologie énergétique des végétaux en Australie explique que rien n'est visible, bien évidemment. La réponse tactile se manifeste par des signaux à l'intérieur des feuilles. Le chercheur a tout d'abord observé une modification spectaculaire de l'expression de milliers de gènes d'une plante lors de la pulvérisation d'eau. Puis, il a découvert avec ses collègues que ses résultats pourraient être également obtenus en tapotant doucement les plantes…

Des réactions similaires sont déclenchées par des gouttes de pluie, le vent qui souffle, un insecte se déplaçant sur une feuille… ou même par des nuages projetant une ombre !

CE QU'IL FAUT EN RETENIR

Selon les chercheurs, bien que les plantes ne se manifestent pas lorsque nous les pinçons ou les piétinons, elles semblent pleinement conscientes de ce contact… et réagissent !

QUAND CERTAINS FRUITS DISENT « MANGE-MOI » AUX ANIMAUX !

Dans le parc national de Kibale en Ouganda, des figues orange et des baies rouges attendent que des singes mangent leurs fruits les plus mûrs et rejettent les graines au loin pour garantir la reproduction de la plante. De même, dans les forêts du parc national de Ranomafana à Madagascar, des baies jaunes et des figues vertes attendent des lémuriens daltoniens afin que ces derniers essaiment également leurs graines.

Des chercheurs ont tenté de comprendre comment les fruits ont évolué et se sont adaptés aux animaux qui les mangeaient **pour que leurs graines soient mieux propagées.**

De longue date, les biologistes évolutionnistes conjecturent que les fruits s'adaptent aux animaux qui les mangent. Mais les spécialistes de l'évolution Kim Valenta de l'université de Duke aux États-Unis et Omer Nevo de l'université d'Ulm en Allemagne ont voulu vérifier scientifiquement ce phénomène en étudiant le contraste entre les fruits mûrs et leurs feuillages sur deux sites distants de plus de 3 000 kilomètres ; l'un à Madagascar, où les « disperseurs de graines » sont principalement des lémuriens daltoniens et l'autre en Ouganda, où les disperseurs sont plutôt des primates. Il s'est avéré que les fruits en Ouganda présentent un contraste chromatique rouge-vert élevé comparativement aux feuilles qui les environnent, tandis que les fruits à Madagascar se détachent par une gamme jaune-bleu. Ces résultats indiquent que la couleur des fruits a évolué pour devenir aussi visible que possible par rapport aux feuilles en arrière-plan et répondre ainsi aux capacités visuelles spécifiques à l'espèce animale qui disperse leurs graines…

Certaines plantes de Madagascar peuvent avoir des fruits dont les couleurs ont évolué de manière à être vues par les lémuriens qui sont daltoniens.

« Frugivores and the evolution of fruit colour » par Colin A. Chapman et coll. ; *Biology Letters*, septembre 2018 ; DOI : 10.1098/rsbl.2018.0377

CE QU'IL FAUT EN RETENIR

Ces résultats démontrent à quel point les liens entre les animaux et les plantes sont profonds. Des liens qui ont mis des millions d'années à se constituer, mais qui pourraient disparaître irrémédiablement en quelques semaines d'exploitation forestière…

COMMUNICATION VÉGÉTALE : « ELLE BOUGE PAS, MAIS ELLE CAUSE ! »

Les plantes ont mis au point des systèmes de communication complexes pour compenser leur incapacité à se mouvoir. Elles se parlent entre elles, par le biais de messages physiologiques qui, pour l'essentiel, prennent la forme de signaux chimiques par voie souterraine. Les messages sont sécrétés par les racines, émis par capillarité dans le sol pour être enfin captés puis décryptés par les plantes voisines ; ces sécrétions indiquent aux plantes si les végétaux attenants sont des parents ou de vulgaires inconnus.

Les plantes peuvent détecter la présence de voisines et **demander aux autres plantes** de modifier leur croissance en conséquence.

Une fois comprises, ces informations les aident à diriger leur croissance en conséquence. Dans le cadre d'une étude, le scientifique suédois Ali Elhakeem et ses collègues ont mené différentes expériences sur un plant de maïs pour y détecter les changements de croissance chez « les frères et sœurs » les plus proches. Pour cela, ils ont touché les feuilles pour simuler le contact d'une autre plante. Puis ils ont collecté les produits chimiques sécrétés qui se sont avérés être une véritable solution de croissance destinée à partager leurs ressources avec les « nouveaux arrivants ». En retour, les nouvelles plantes transférées dans cette solution ont développé plus de feuilles, mais elles ont également réduit leurs racines en très peu de temps pour laisser de la place à leurs voisines ! Les chercheurs ont ainsi démontré que même de brèves perturbations en surface peuvent générer par communication souterraine, la modification de la croissance des plantes proches.

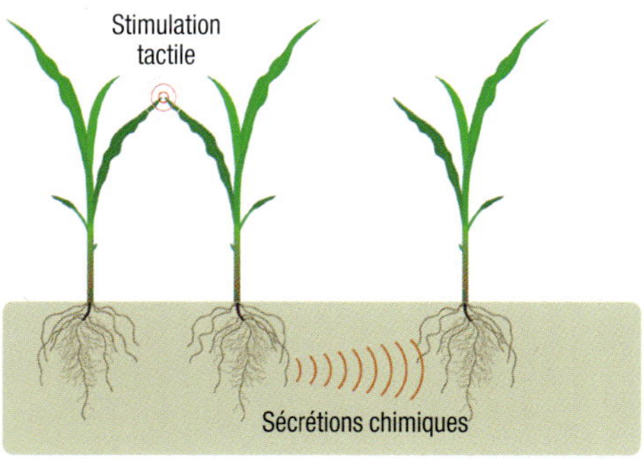

Page ci-contre, un chercheur stimule une plante en touchant ses feuilles.

Représentation des interactions entre plantes voisines par effleurement et leurs effets, en l'occurrence une communication souterraine par les racines.

« Novel genetic associations for blood pressure identified via gene-alcohol interaction in up to 570K individuals across multiple ancestries » par Ali Elhakeem et coll. ; *PLOS ONE*, mai 2018 ; DOI : 10.1371/journal. pone. 0195646

CE QU'IL FAUT EN RETENIR

Les interactions tactiles, même infimes, avec des feuilles de maïs modifient la croissance de l'ensemble de la culture environnante.

Vue d'artiste du capteur composé d'encre conductrice imprimée sur un stomate (pore à la surface d'une feuille). Ce pore est entouré de deux minuscules tubes de carbone qui servent de bornes ouvertes ou fermées lorsqu'elles se touchent.

S.O.S D'UNE PLANTE EN DÉTRESSE

Si vous oubliez d'arroser les plantes de votre potager, celles-ci pourront bientôt vous adresser une notification sur votre smartphone ! En intégrant des capteurs aux feuilles, on pourrait – selon les chercheurs – non seulement sauver des plantes domestiques, mais, plus important encore, avertir les agriculteurs dès que leurs cultures sont en danger.

Mis au point par le même laboratoire que celui des plantes qui éclairent (cf. « Plantes nanobioniques pour éclairer »), ces nouveaux capteurs tirent parti des stomates – de petits pores à la surface d'une feuille qui permettent

Ces plantes bioniques sont programmées pour **prédire et alerter** d'une prochaine pénurie d'eau.

« Persistent drought monitoring using a microfluidic-printed electro-mechanical sensor of stomata in planta » par Volodymyr B. Koman et coll. ;

Photo d'une expérience visant à rendre « nanobionique », une plante exotique nécessitant beaucoup d'eau *(Spathiphyllum wallisii)*. Les pores étant « câblés » par une impression d'encre électronique, les chercheurs peuvent détecter par avance un manque d'eau.

à l'eau de s'évaporer en s'ouvrant, et ainsi de diminuer la pression dans la plante. Dès que cette pression baisse, elle puise de l'eau dans le sol. Ce processus appelé « transpiration » commande l'ouverture des stomates comme dans un circuit logique. L'idée des scientifiques a été de fusionner des capteurs avec des feuilles afin de surveiller le statut binaire ouvert ou fermé en permanence.

Pour élaborer de tels capteurs, des chercheurs du MIT à Harvard ont utilisé une encre constituée de nanotubes, de minuscules tubes creux de carbone conduisant l'électricité. Cette encre est imprimée sur un pore pour simuler un circuit électronique. Lorsque le pore est fermé, le courant peut être mesuré dans le circuit en y connectant un appareil de mesure de l'électricité classique, en l'occurrence un multimètre. Lorsque les pores s'ouvrent, le circuit est interrompu. En mesurant l'ouverture et sa fermeture pendant quelques jours, dans des conditions d'humidité de la terre moyennes ou sèches, les chercheurs ont découvert qu'ils pouvaient détecter deux jours à l'avance le moment où une plante s'apprête à subir un stress hydrique.

CE QU'IL FAUT EN RETENIR

Cette équipe de chercheurs espère produire encore plus facilement des plantes nanobioniques en plaçant simplement un autocollant à la surface d'une feuille.

LA MÉMOIRE DES PLANTES

Des scientifiques britanniques et néerlandais ont révélé un mécanisme permettant aux plantes à fleurs de détecter et de « se souvenir » des modifications survenues dans leur environnement. Cette faculté de mémorisation leur permettrait ainsi de coordonner leur développement en réponse aux agresseurs ou aux changements de saison. Par exemple, de nombreuses plantes se souviennent du froid prolongé d'un hiver, ce qui les incite à fleurir plus tard les années suivantes.

Les plantes ont **une capacité remarquable à ressentir et à mémoriser** les changements de leur environnement, ce qui leur permet de contrôler leur cycle de vie.

Les chercheurs ont découvert qu'un composant essentiel du processus biologique permettant cette prouesse, une protéine appelée « VRN2 », est extrêmement instable. À des températures plus élevées, lorsque l'oxygène est abondant, la protéine VRN2 se décompose continuellement. Lorsque les conditions environnementales deviennent plus difficiles, par exemple lorsqu'une plante est inondée et que l'oxygène est faible, la VRN2 devient stable et améliore la survie de la plante. Ce qui permettra à d'autres protéines (les PRC2) de déclencher la floraison dès que les températures monteront.
Il est possible que ce mécanisme existe afin que les plantes « sachent » (littéralement, le mot est choisi!) s'adapter à de nombreux scénarios environnementaux en mémorisant les stress qu'elles ont pu subir. Induire ce phénomène artificiellement pourrait aider les scientifiques à faire face à certaines conséquences du changement climatique.

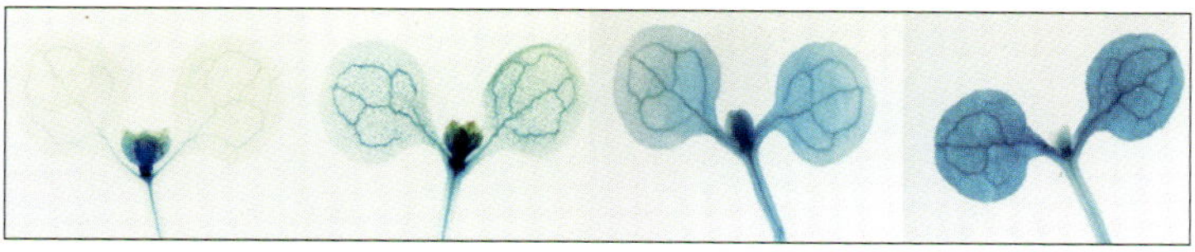

La protéine VRN2 (ci-dessus en bleu) s'accumule dans la plante dans de bonnes conditions environnementales, grâce à sa présence la plante détectera d'éventuelles dégradations de ces conditions.

« Oxygen-dependent proteolysis regulates the stability of angiosperm [...] » par Daniel J. Gibbs et coll.;

Une plante se « souviendrait » d'un hiver tardif et serait capable de décaler d'autant sa floraison l'année suivante.

CE QU'IL FAUT EN RETENIR

Cette découverte révèle comment les plantes détectent et analysent leur environnement grâce à des mécanismes mémoriels.

Des mécanismes neuronaux sophistiqués peuvent être déclenchés par une simple fragrance d'huile essentielle de lavande.

LE PARFUM APAISANT DE LA LAVANDE

Qu'il s'agisse de parfumerie, de médecine alternative ou de cuisine, les fleurs de lavande sont utilisées de toutes les manières possibles depuis l'Antiquité. Ainsi, 48 recettes salées et sucrées sont disponibles sur un célèbre site de cuisine. Plus de 30 usages thérapeutiques sont présentés sur un non moins célèbre site de santé, du cicatrisant aux traitements des maux

Inhaler certains composants de la lavande aurait **des effets similaires à la prise de Valium**.

« Linalool Odor-Induced Anxiolytic Effects in Mice » par Hideki Kashiwadani et coll. ; *Frontiers in Behavioral Neuroscience*, octobre 2018 ; DOI : 10.3389/fnbeh.2018.00241

de ventre en passant par l'élimination des poux. Mais son emploi premier depuis le Moyen Âge, tous domaines confondus, est l'utilisation en tant que parfum avec pour bénéfice l'apaisement et la sérénité.

Des neuroscientifiques japonais de l'université de Kagoshima viennent de confirmer scientifiquement ce que les humains avaient observé par la pratique : renifler des extraits de lavande associés à du linalol (l'alcool servant de base aux huiles essentielles) équivalait à consommer du Valium (ou des benzodiazépines), l'emblématique anxiolytique. Du moins chez des souris qui ont subi un scanner cérébral IRMf et dont les zones du cerveau activées étaient les mêmes qu'après l'absorption, la digestion et la diffusion par voie sanguine du médicament. Contre toute attente, contrairement aux effets des benzodiazépines qui enivrent et font sommeiller, les rongeurs restaient parfaitement alertes !

CE QU'IL FAUT EN RETENIR

Les chercheurs espèrent développer de nouveaux composés dérivés de la lavande pour remplacer certains anxiolytiques aux effets secondaires ravageurs.

CAMOUFLAGE VÉGÉTAL : LA PLANTE CAMÉLÉON

On connaît depuis l'enfance les capacités de camouflage du caméléon ou de la pieuvre. Mais que sait-on pour autant de l'aptitude de certains végétaux à adopter des comportements similaires pour se protéger des prédateurs ? En effet, les plantes ne font pas qu'attirer les pollinisateurs et la photosynthèse avec leurs couleurs, elles se cachent aussi à la vue de leurs ennemis. Une étude réalisée par des scientifiques de l'université d'Exeter en Grande-Bretagne et de l'Institut de botanique de Kunming en Chine a révélé pour la première fois que certaines plantes utilisent une multitude de techniques de camouflage déjà connues chez les animaux : mélange avec les couleurs et les formes de l'habitat, marquage rendant plus difficile la vision du contour, imitation d'un objet ignoré par les prédateurs, camouflage sous la terre ou le sable…

Le camouflage des animaux a été largement étudié depuis Charles Darwin, alors que dans un même temps **le camouflage des plantes était ignoré**.

Corydalis hemidicentra, originaire du sud-ouest de la Chine, utilise un camouflage dit de « mascarade » : ses feuilles prennent la couleur des roches près desquelles elles se développent. Et, comme on l'imagine, les différentes populations de cette espèce ont une apparence qui change radicalement selon les endroits où elles se trouvent... ce qui rend leur repérage visuel par les chercheurs particulièrement difficile !

La plante *Corydalis hemidicentra* que l'on retrouve dans le sud-ouest de la Chine utilise les mêmes techniques de camouflage que les poulpes.

© Yang Niu

« Plant Camouflage : Ecology, Evolution, and Implications » par Martin Stevens et coll. ;
Trends in Ecology and Evolution, août 2018 · DOI : 10.1016/j.tree.2018.05.010

CE QU'IL FAUT EN RETENIR

Les chercheurs doivent encore découvrir comment les plantes parviennent à se camoufler !

À droite, Stuart Strand de l'équipe de recherche de l'université de Washington ayant mis au point cette plante. En vignette, la capacité d'absorption du lierre de Pothos est testée dans un environnement confiné.

Ci-contre, son collègue Long Zhang met un plant de lierre dans un tube en verre pour tester sa capacité à dégrader le benzène ou le chloroforme.

UNE PLANTE QUI PURIFIE L'AIR DE LA MAISON

Nous aimons garder l'air de nos maisons le plus propre possible, raison pour laquelle nous utilisons parfois des filtres à air HEPA pour éliminer les allergènes et les particules de poussière. Mais certains composés dangereux sont trop petits pour être piégés dans ces filtres. Des molécules telles que le chloroforme, présent en faible quantité dans l'eau chlorée de

Purifier l'air domestique est **un enjeu de santé publique**, car nos maisons sont beaucoup plus polluées que n'importe quel autre lieu.

« Greatly Enhanced Removal of Volatile Organic Carcinogens by a Genetically Modified Houseplant […] » by Long Zhang et coll. ; *Environmental Science and Technology*, décembre 2019 ; DOI : 10.1021/acs.est.9b04811

nos robinets, ou le benzène, composant de l'essence, s'accumulent dans nos maisons lorsque nous prenons une douche, faisons bouillir de l'eau, ou lorsque nous garons des voitures à proximité de nos lieux de vie. Doit-on ajouter que l'exposition au benzène et au chloroforme est reconnue comme étant « cancérigène » ?

Mais récemment, des chercheurs de l'université de Washington ont réussi à modifier génétiquement une plante d'habitation commune – le lierre de Pothos – pour éliminer le chloroforme et le benzène de l'air environnant. Pour y arriver, ils ont utilisé une protéine appelée « cytochrome 2E1 » qui est présente chez tous les mammifères. Elle est située dans nos foies et s'active lorsque nous buvons de l'alcool en transformant le benzène en une substance chimique appelée « phénol » et le chloroforme en dioxyde de carbone. Ils ont fait en sorte que cette réaction puisse se produire dans une plante, sachant que la protéine 2E1 peut être bénéfique pour les végétaux. Résultat : la concentration de chloroforme et de benzène a chuté d'environ 4/5e en quelques jours !

CE QU'IL FAUT EN RETENIR

Cette plante a fait baisser la pollution de l'air au chloroforme et au benzène de plus de 75 % en quelques jours seulement.

UN CHAMPIGNON BIONIQUE QUI GÉNÈRE DE L'ÉLECTRICITÉ

La symbiose est une association intime et durable entre deux organismes génétiquement différents. De nombreux exemples furent décrits dès les origines de la biologie. Une équipe de chercheurs dirigée par Manu Mannoor et Sudeep Joshi à l'institut de technologie Stevens aux États-Unis a eu l'idée de créer une symbiose artificielle entre des champignons et des cyanobactéries pour produire de l'électricité.

Des chercheurs sont parvenus à autoproduire de l'électricité en créant **une symbiose artificielle** entre une bactérie et un champignon.

En effet, ces cyanobactéries également appelées « algues bleues » ont pour particularité de savoir générer de la photosynthèse et donc de transformer l'énergie solaire en énergie chimique utilisable par des cellules. L'idée géniale des chercheurs fut de capturer les électrons libérés lors de cette photosynthèse grâce à des nanorubans de graphène associés à une solution contenant la bactérie. Dans ce scénario, le champignon fournit un support biologique apportant de l'humidité et des nutriments aux bactéries qui, en échange, fourniraient de l'énergie électrique par photosynthèse.

Pour concrétiser leur rêve psychédélique de champignon bionique, les chercheurs ont d'abord imprimé une encre électronique contenant des nanorubans de graphène sur le chapeau d'un champignon vivant selon un dessin de tiges et de ramifications.

Ils ont ensuite imprimé sur ce même chapeau une autre encre biologique avec des cyanobactéries avec un motif en spirale, ce qui a croisé l'encre électronique et l'encre biologique en plusieurs points. Sur les points de rencontre, les électrons peuvent être transférés au réseau conducteur de nanorubans de graphène. Et la lumière fut !

Un réseau d'électrodes (motif ramifié) et des cyanobactéries (motif en spirale) ont été imprimés en 3D sur un champignon pour produire de la bioélectricité.

« Bacterial Nanobionics via 3D Printing » par Manu Mannoor and coll. ; *Nano Letters*, novembre 2018 · DOI : 10.1021/acs. nanolett.8b02642

CE QU'IL FAUT EN RETENIR

La photosynthèse cyanobactérienne activée par le champignon génère un courant insuffisant pour alimenter un dispositif électronique complet… Mais plusieurs champignons peuvent éclairer une LED !

UN CHAMPIGNON GÉANT DE 400 TONNES

72 hectares ! C'est l'estimation de la taille du célèbre champignon *Armillaria gallica* à Crystal Falls dans le Michigan, découvert à la fin des années 1980 et considéré comme l'organisme le plus important au monde. À cette époque, les chercheurs pensaient qu'il pesait 110 tonnes et avait environ 1 500 ans. La même équipe de chercheurs canadiens et américains a récemment revisité le champignon afin de réaliser des tests génétiques. Finalement, il pèse quatre fois plus et a vieilli d'un millénaire. Pour arriver à cette estimation révisée, les chercheurs ont étudié la constitution génétique de 245 échantillons et les taux de croissance des filaments d'hyphes qui permettent la propagation du champignon. Cela ne dit pas comment cet *Armillaria gallica* peut être aussi gros, je vous l'accorde.

Il existe un champignon aussi grand que la Cité du Vatican. Il pèserait au moins 400 tonnes et serait âgé de plus de 2500 ans.

Voici l'explication. Ce que nous considérons comme des champignons ne sont qu'une toute petite partie visible (comme sur la photo ci-contre). La partie principale est constituée d'une masse de vrilles souterraines appelée « mycélium ». Selon les espèces, ces vrilles peuvent se nourrir dans le sol de matières végétales en décomposition ou de bois, plus ou moins loin du pied. Dans le cas des *Armillaria gallica*, ils ont des vrilles noires particulièrement épaisses appelées « rhizomorphes » qui vont chercher les nutriments ou de l'humidité et sont capables de se propager d'hectare en hectare, à la recherche de bois à consommer…

Alors que d'autres champignons préfèrent le bois en décomposition, *Armillaria gallica* infeste les arbres vivants, les tuant sur plusieurs décennies… Les spécialistes détectent l'emplacement souterrain des champignons en trouvant des bosquets mourants à leur surface.

« Clonal evolution and genome stability in a 2500-year-old fungal individual » par James B. Anderson et coll. ; *Proceeding of the royal society B*, décembre 2018 ; DOI : 10.1098/rspb.2018.2233

CE QU'IL FAUT EN RETENIR

Un autre champignon, *Armillaria ostoyae*, a été découvert en 1998 dans les Blue Mountains de l'Oregon : il s'étend sur 2 200 hectares et pourrait dépasser les 10 000 ans !

CETTE PLANTE CONTIENT NATURELLEMENT DE L'OR !

Des plantes contenant l'élément Or sont déjà connues et décrites de longue date par les scientifiques. La plante vivace à fleurs alfalfa (la luzerne commune) a ainsi été cultivée par de nombreux chercheurs, car elle pouvait contenir de l'or pur dans ses tissus végétaux. Mais plus récemment, des biologistes de l'université Sun Yat-sen en Chine ont pu identifier pour la première fois les caractéristiques des nanoparticules d'or de deux espèces en croissance dans leur environnement naturel. La question étant de savoir la manière dont les nanoparticules d'or sont produites et absorbées.

Les particules aurifères ont été absorbées directement par les pores des plantes, ce qui prouve que **l'or peut s'accumuler dans le sol, l'eau ou l'air.**

Xiaoen Luo et ses collègues ont enquêté sur l'arbuste vivace *B. nivea* et la mauvaise herbe *Erigeron canadensis*. Ils les ont examinés à l'aide d'un outil d'analyse appelé « microscope électronique à émission de champ » (MET). Des nanoparticules aurifères – de minuscules particules d'or fusionnées avec un autre élément tel que l'oxygène ou le cuivre – ont été trouvées dans les deux végétaux. La découverte devrait permettre de mieux comprendre comment nettoyer les zones contaminées par des nanoparticules de métal en les faisant absorber par des plantes… ou d'enrichir une plante avec des nanoparticules métalliques pour leur conférer des capacités bioniques.

Ci-contre *Erigeron canadensis*, également appelée « Vergerette du Canada ». Les particules d'or qu'elle contenait avaient un diamètre d'environ 20 à 50 nm (10^{-9} mètre).

« Discovery of nano-sized gold particles in natural plant tissues » par Xiaoen Luo et coll. ; *Environmental Chemistry Letters*, juin 2018 · DOI : 10.1007/s10311-018-0749-9

CE QU'IL FAUT EN RETENIR

Les biologistes tentent de trouver un moyen d'enrichir les végétaux avec de l'or afin de leur apporter des caractéristiques bioniques.

DES VACCINS POUR REMPLACER LES PESTICIDES ?

Les pesticides sont omniprésents en agriculture. Le taux d'imprégnation de la population française par ces substances est d'ailleurs impressionnant. Selon des études récentes menées par l'Institut national de veille sanitaire (InVs), on retrouverait des traces d'insecticides dans la plupart de nos urines. Cependant, on ignore les répercussions véritables à moyen terme de cette présence. *A fortiori* par « l'effet cocktail », le mélange de substances variées au sein d'un même organisme ayant des conséquences tout aussi variées. Appelés à manipuler régulièrement des produits phytosanitaires, les agriculteurs en sont les premières victimes.

Un tout nouveau projet **prouve l'efficacité de vaccins écologiques à base d'ARN** qui protègent les plantes contre les maladies et les insectes ravageurs.

À présent, imaginez un monde sans pesticides. Une découverte écologique qui changerait absolument tout. En effet, de nouvelles technologies doivent permettre à terme de remplacer les pesticides traditionnels utilisés pour protéger les plantes, en particulier les céréales alimentaires, les légumes ou les fruits. Cette nouvelle approche de la protection des végétaux consiste à vacciner les végétaux contre les agents pathogènes (est pathogène ce qui attaque ou rend malade la plante). Comment ? À l'aide d'un vaccin composé de molécules d'ARN double brin pouvant être vaporisé directement sur les feuilles. Ce vaccin déclenche un mécanisme inné appelé « interférence de l'ARN » qui peut être ciblé en utilisant des molécules d'ARN des gènes de l'organisme nuisible et qui empêchera leur expression.

Image d'un futur proche où, en remplacement des pesticides, un agriculteur se contentera de pulvériser quelques microgouttelettes d'un vaccin ARN sur les feuilles de ses cultures à l'aide d'un simple drone.

« Synthetic biology approach for plant protection using dsRNA » par Minna Poranen. ;

CE QU'IL FAUT EN RETENIR

L'ARN étant une molécule commune et facilement biodégradable, un vaccin à base d'ARN ne serait pas nuisible pour l'environnement…

PLANTES NANOBIONIQUES POUR ÉCLAIRER

Imaginez qu'au lieu d'allumer une lampe lorsqu'il fait noir, vous puissiez lire à la lumière d'une plante luisante sur votre bureau ? Les ingénieurs du célèbre MIT d'Harvard ont franchi une première étape cruciale pour concrétiser cette vision. En incorporant des nanoparticules dans les feuilles d'une plante de cresson, ces dernières ont émis une lumière « tamisée » pendant près de quatre heures. La nanobionique végétale est un tout nouveau domaine de recherche particulièrement prometteur, mis au point par le laboratoire de Michael Strano, professeur de génie chimique au MIT et l'un des principaux découvreurs avec sa jeune doctorante Seon-Yeong Kwak.

Voici une lampe nanobionique que vous n'aurez pas à brancher. **La lumière est auto-alimentée par le métabolisme** énergétique de la plante elle-même !

Pour créer leurs plantes éclatantes, l'équipe de recherche s'est tournée vers la luciférase, l'enzyme qui donne leur éclat aux lucioles. La luciférase agit sur une molécule appelée « luciférine » qui émet de la lumière. Pour véhiculer la luciférase, les composants sont « enveloppés » dans un support fait de nanoparticules de silice d'environ 10 nanomètres de diamètre, soit un millième de l'épaisseur d'un cheveu.

Saviez-vous que 20 % de la consommation énergétique mondiale est destinée à nous éclairer ? Les perspectives des végétaux nanobioniques autoalimentés sont d'autant plus formidables que les plantes peuvent naturellement s'autoréparer, produire leur propre énergie et que, par définition, elles sont déjà adaptées à l'environnement extérieur !

Par-delà l'éclairage, l'objectif serait de donner également aux plantes de toutes nouvelles caractéristiques en y intégrant différents types de nanoparticules. Et au final, de remplacer de nombreuses fonctions remplies par des appareils électriques lumineux moulés avec des matériaux non recyclables et énergivores.

« A Nanobionic Light-Emitting Plant » par Seon-Yeong Kwak et coll. ;
Nano Letters, novembre 2017 ; DOI : 10.1021/acs. nanolett.7b04369

La lumière générée par des semis de 10 centimètres de cresson représente un millième de la quantité nécessaire à la lecture, mais les chercheurs pensent qu'ils pourront bientôt décupler la luminosité en optimisant la concentration des composants.

CE QU'IL FAUT EN RETENIR

Cette technologie pourrait également être utilisée pour transformer des arbres en lampadaires autonomes.

LA LAITUE DE L'ESPACE

Certes, nos amis norvégiens ne fabriquent pas de fusées. Et contrairement aux Chinois et aux Américains, ils n'ont pas prévu d'aller visiter Mars. Mais leurs chercheurs viennent de mettre au point un étonnant procédé pour faire pousser des légumes à des centaines de milliers de kilomètres de la planète bleue… Et même s'il s'agit de laitue, c'est tout de même une prouesse essentielle pour l'aventure spatiale ! En effet, les plus longs séjours sur la Station spatiale internationale ont duré plus de six mois. Et les personnes en mission sur Mars devront être prêtes à rester loin de la Terre pendant au moins deux ans, peut-être beaucoup plus. C'est pourquoi le fait de stocker (et de manger !) des centaines de kilos de nourriture lyophilisée est un obstacle majeur que les grandes agences spatiales européennes devront résoudre afin de rendre possibles les voyages spatiaux de longue durée.

Des chercheurs ont développé un système de plantation autonome qui permettra aux astronautes de **produire une nourriture fraîche dans l'espace**.

C'est ainsi que Silje Wolff, physiologiste spécialiste des végétaux au Centre de recherche interdisciplinaire de l'espace (CIRiS) a planté, dans le cadre d'une expérience, des laitues dans un sol artificiel fabriqué à partir de pierre de lave. L'objectif étant que les plantes poussent directement au contact d'eau additionnée d'éléments nutritifs sans aucun terreau. L'étape suivante consistera à faire pousser des haricots dans l'espace pour observer comment l'absence de gravité influe sur la capacité des plantes à transporter de l'eau et à absorber les nutriments. Le moment où les missions pourront embarquer à bord un Chef spécialiste de la cuisine moléculaire en apesanteur est proche !

De la façon dont les voyages dans l'espace fonctionnent aujourd'hui, il est presque impossible d'emporter toutes les ressources dont une mission spatiale aurait besoin. C'est pourquoi Silje Wolff (ci-contre) et ses collègues ont développé un système biologique afin que les astronautes puissent produire leur propre nourriture. Ces jardinières très sophistiquées régulent et recyclent toute l'eau, ainsi que les nutriments, le gaz et l'air dont les plantes ont besoin.

« Testing New Concepts for Crop Cultivation in Space […] » par Silje Wolff et coll. ; *Life*, octobre 2018 ; DOI : 10.3390/life8040045

CE QU'IL FAUT EN RETENIR

Les astronautes apprécient tout ce qui leur rappelle la vie sur terre. Ils aiment particulièrement entretenir, arroser et faire germer des légumes.

LE VORTEX DES FLEURS DE PISSENLIT

Des chercheurs britanniques de l'université d'Édimbourg ont mené des expériences afin de mieux comprendre pourquoi les graines de pissenlit volent si bien, alors que leur structure en parachute est en grande partie constituée d'espaces vides…
Leur étude a révélé qu'une bulle d'air en forme d'anneau se forme lorsque l'air passe à travers les poils, renforçant ainsi la résistance qui ralentit la descente de chaque graine vers le sol. Cette bulle d'air jamais observée auparavant a été baptisée « anneau de vortex » par les scientifiques. Elle est physiquement séparée des fibres de soie et se trouve stabilisée par l'air qui la traverse.
Leur découverte sacre cette plante commune comme étant l'un des meilleurs végétaux volants au monde. Elle nous montre pour la première fois comment le mouvement de l'air, autour et à l'intérieur de son faisceau de soies, permet aux graines de parcourir de si grandes distances (plus d'un kilomètre !) en étant parfaitement portées par l'énergie éolienne.

Le vol de la fleur de pissenlit est **quatre fois plus efficace** que celle d'un parachute classique grâce à son vortex révolutionnaire jamais observé auparavant.

Les chercheurs suggèrent que le parachute poreux du pissenlit pourrait inspirer le développement de drones de petite taille nécessitant peu ou pas de consommation électrique. De tels drones pourraient être utiles pour la télédétection ou la surveillance de la pollution atmosphérique.

Examiner au plus près l'ingénierie de la nature permet de révéler de nouvelles perspectives pour les ingénieries industrielles. En modélisant la traînée d'une fleur dans une soufflerie (en vignette page ci-contre), les scientifiques ont trouvé une solution naturelle et durable qui minimisera les coûts en matériel et en énergie des engins volants de demain : à quand le premier drone en forme de fleur de pissenlit ?

« A separated vortex ring underlies the flight of the dandelion » par Ignazio Maria Viola. ;

CE QU'IL FAUT EN RETENIR

Grâce à l'observation d'une simple fleur de pissenlit, les chercheurs sont sur le point de révolutionner l'ingénierie des drones en supprimant tout ou partie de leur consommation électrique.

CHAPITRE 2

GRANDES QUESTIONS

Ci-contre, une plante ayant créé des épines creuses dans lesquelles les fourmis peuvent s'abriter. En échange, les fourmis défendent la plante des attaques d'autres insectes ou même, de mammifères.

© Corrie S. Moreau

LES PLANTES ONT-ELLES ASSERVI LES FOURMIS ?

Au fil de leur évolution, les plantes ont su se rendre attrayantes. On pourrait citer leur nectar juteux dont se régalent les insectes… mais aussi leurs épines creuses conçues pour les mettre à l'abri ! En effet, en échange d'un logis, certaines espèces de fourmis se font employer par des plantes pour répandre leurs graines. Et certaines ont même développé des caractéristiques qui persuadent la fourmilière de les protéger contre les attaques d'insectes ou de mammifères.

Il existe nombre de structures végétales fabriquées par les plantes **à la seule destination des fourmis.**

« Ant–plant interactions evolved through increasing interdependence » par Corrie S. Moreau et coll. ;
PNAS octobre 2018 ; DOI : 10.1073/pnas.1719794115

Une étude scientifique cécompose ainsi l'évolution génétique de 1 700 espèces de fourmis et de 10 000 espèces de plantes. Les chercheurs espèrent de cette manière pouvoir raconter la longue histoire de la coévolution des fourmis et des végétaux, qui remonterait à l'époque des dinosaures. Mais il n'est pas facile de dire, à partir de fossiles, comment les organismes ont interagi. Ni lequel avait initié le premier cette relation génomique. Matt Nelsen, biologiste de l'évolution au Field Museum aux États-Unis, a pu retracer l'histoire des caractéristiques des fourmis et des plantes grâce à un processus appelé « reconstruction des génomes ancestraux ». Avec l'aide de son équipe, il a identifié puis référencé, via les bases de données ADN de fossiles, les caractéristiques physiques et comportementales de fourmis et de plantes à travers les âges. Selon ses conclusions, il semblerait que les fourmis aient développé des comportements pour tirer parti des plantes en premier – les traces de structures spécialisées pour la nourriture et l'habitat de l'insecte n'apparaissant que tardivement…

CE QU'IL FAUT EN RETENIR

Les groupes de fourmis qui mangent, fourrent ou nichent dans des plantes ne semblent pas survivre mieux que les autres espèces qui en sont privées…

LE PLUS ANCIEN VÉGÉTAL CONNU

Toutes les espèces portent dans leur ADN des « modèles clés » que les scientifiques peuvent analyser pour déchiffrer la manière dont elles ont divergé sur l'arbre de l'évolution avant de devenir l'organisme que nous connaissons. C'est ainsi que le biologiste japonais Takayuki Kohchi et ses collègues de l'université de Kyoto – en collaboration avec plus de 40 universités et instituts de recherche du monde entier – sont parvenus à découvrir le génome ancestral du plus ancien végétal vivant connu en identifiant les dénominateurs communs à toutes les espèces de plantes terrestres. Cette plante originelle s'est révélée être *Marchantia polymorpha*, également appelée « l'hépatique des fontaines ».

L'hépatique des fontaines serait l'un des plus lointains ancêtres des plantes terrestres.

Bien que toutes les plantes terrestres, de la mousse sur les rochers aux arbres en fleur, aient évolué à partir d'une espèce d'algue qui a colonisé la Terre il y a environ 500 millions d'années, on ignore pour autant tout d'elle. En revanche, ce dont on est certain, c'est que la famille des Marchantia forme le tronc commun des plantes terrestres les plus anciennes. Ce sont elles qui ont conservé le plus de caractères « ancestraux ». Au cours des dernières années, Takayuki Kohchi a mis au point diverses techniques moléculaires et génétiques pour déchiffrer les quelque 20 000 gènes de l'hépatique.
Et à présent que le génome de cette hépatique ancestrale existe, les chercheurs vont pouvoir déchiffrer les fonctions individuelles de leur évolution pour chaque gène dans des espèces végétales plus récentes.

Les plantes à fleurs ont des copies redondantes de gènes essentiels dans leur ADN, qui se sont répétées au fil de l'évolution. En somme, en cas de problème, il y a une de sauvegarde pour tout ! Or, les hépatiques sont extrêmement simples et n'ont qu'un très faible niveau de redondance. Ce fait serait révélateur de l'ancienneté originelle de cette espèce. Ci-contre, une planche du biologiste allemand Ernst Haeckel représentant différentes variétés de plantes hépatiques (*Kunstformen der Natur*, 1904)

« Insights into Land Plant Evolution Garnered from the Marchantia polymorpha Genome » par John L. Bowman et coll. ; *Cell*, octobre 2017 : DOI : 10.1016/j. cell.2017.09.030

CE QU'IL FAUT EN RETENIR

Toutes les plantes terrestres auraient évolué à partir d'une algue marine qui a colonisé la Terre il y a 500 millions d'années.

COMMENT SURVIVRE PLUSIEURS ANNÉES SANS AUCUNE EAU ?

La vie et l'eau sont intrinsèquement liées. Et pourtant, parmi les êtres vivants, il existe de curieux organismes capables de survivre (très) longtemps sans eau : les anhydrobioticues. L'anhydrobiose est un état dans lequel un organisme ne montre aucun signe de vie visible après s'être desséché lors d'un processus appelé « dessiccation ». La vie se suspend à

Après avoir été desséchée à près de 90 %, *Haberlea rhodopensis* peut se rétablir en quelques heures dès que de l'eau est à nouveau disponible.

Paru dans *Nature Scientific Report* en février 2019 ;
DOI : 10.1038/s41598-019-39443-4

Les chercheurs ont utilisé la lumière infrarouge dite « proche » pour surveiller les processus de dessiccation et de réhydratation de la plante *Haberlea rhodopensis.*

la manière des stases métaboliques de certains animaux extrêmophiles. Une équipe de chercheurs japonais et bulgares a fait la lumière sur le mécanisme derrière la dessiccation des plantes. Plus précisément, les scientifiques ont étudié *Haberlea rhodopensis*. Cette espèce fait partie des quelque 350 végétaux de la planète qui peuvent survivre à une déshydratation extrême, puis, en quelques heures seulement, retrouver miraculeusement son état initial avec un peu d'eau.

Il ressort de cette étude que la caractéristique la plus fondamentale d'un système vivant comme *Haberlea rhodopensis* est son organisation structurelle, et non sa dynamique. Ainsi, la structure moléculaire de l'eau contenue dans la plante est façonnée par les nombreuses substances produites par les cellules comme les sucres ou les acides aminés, ce qui permet en cas de sécheresse de préserver les tissus qui ne sont qu'un contenant, dans l'attente de la réhydratation.

CE QU'IL FAUT EN RETENIR

La compréhension de ce phénomène pourrait aider les agronomes à produire des plantes capables de tolérer l'absence de précipitations et de s'adapter aux changements climatiques.

COMMENT LES PLANTES SONT-ELLES DEVENUES CARNIVORES ?

Des biologistes ont tenté de déterminer comment des végétaux ont pu un jour se mettre à manger des insectes. Pour y arriver, ils ont étudié des plantes carnivores ayant évolué indépendamment les unes des autres et dont le génome est parfaitement différencié. En l'occurrence, les plantes pichet australiennes, asiatiques et américaines qui – bien qu'elles portent le même nom et qu'elles se ressemblent étonnamment – viennent de différents continents.

La raison de cette évolution serait que les plantes carnivores vivent souvent dans des environnements pauvres en éléments nutritifs. Par conséquent, la capacité de piéger et de digérer les animaux peut être indispensable étant donné le manque d'autres sources de nourriture.

Des plantes n'ayant rien en commun ont emprunté **le même développement physiologique** pour devenir des prédateurs.

Les plantes pichet capturent les insectes en les attirant dans un piège – une feuille en forme de coupe avec un intérieur cireux et glissant qui rend difficile toute tentative d'évasion. Une soupe de liquides digestifs qui se trouve au fond de cette alcôve décompose la chair et le squelette de la proie. Au fil du temps, chez les trois espèces (australienne, asiatique et américaine), les protéines végétales qui servaient initialement à l'autodéfense contre les maladies et autres agressions environnementales se sont transformées en enzymes digestives que les biologistes observent aujourd'hui. Les recherches ont ainsi permis de conclure que la machinerie biologique nécessaire à la digestion des insectes avait évolué de manière remarquablement similaire pour des plantes relevant d'espèces totalement différentes...

Ci-contre, *Cephalotus follicularis* du sud-ouest de l'Australie, l'une des trois espèces utilisées pour l'expérience. Elle dispose d'un « piège passif » c'est-à-dire sans aucun mouvement.

« Genome of the pitcher plant Cephalotus reveals genetic changes associated with carnivory » par Victor A. Albert et coll. ;

CE QU'IL FAUT EN RETENIR

Il est rarissime dans l'histoire de l'évolution qu'un végétal réunisse les conditions nécessaires pour devenir un prédateur carnivore.

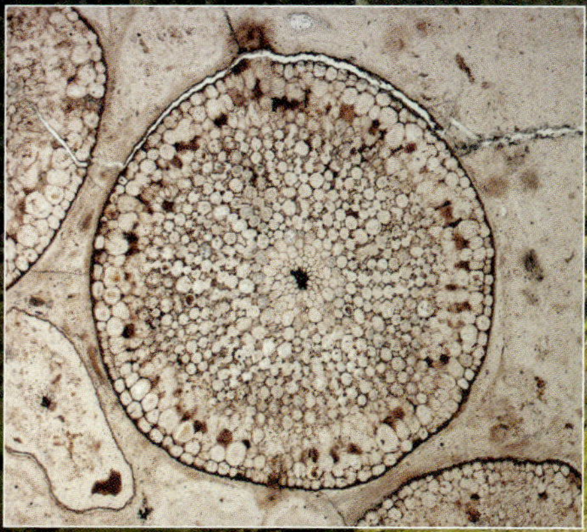

Coupe d'une *Rhynia gwynne-vaughanii* — une plante fossile vieille d'environ 520 millions d'années provenant de l'Aberdeenshire dans le nord-est de l'Écosse, sur le littoral de la mer du Nord.

QUAND LES PLANTES SONT-ELLES APPARUES SUR TERRE ?

Pendant les quatre premiers milliards d'années de l'histoire de la Terre, les continents de notre planète auraient été dépourvus de toute vie, à l'exception des microbes. Cependant, tout aurait changé lors de l'apparition soudaine des plantes terrestres qui ont rapidement verdi les continents, modifiant définitivement l'évolution de la biosphère terrestre et créant des habitats que les animaux envahirent très peu de temps après.
Les archives fossiles des universités et des musées d'histoire naturelle sont

Les premières plantes ayant colonisé la Terre sont apparues **il y a environ 500 millions d'années.**

« The timescale of early land plant evolution » par Philip C. J. Donoghue et coll. ;

Les débuts de la vie terrestre ressemblaient à des couvertures cryptogamiques, tel ce champ de lave en Islande. L'une des chercheuses à l'origine de cette étude, Sylvia Pressel (à droite de l'image), observe des échantillons de mousse avec une loupe électronique.

© Paul Kenrick

trop rares et incomplètes pour réussir à dater le surgissement des plantes terrestres. C'est pourquoi des chercheurs britanniques ont appliqué la méthode de « l'horloge moléculaire » qui part de l'hypothèse que les mutations génétiques s'accumulent dans un génome à une vitesse constante. Ils ont ainsi comparé l'ADN des espèces vivantes et des espèces fossiles pour déterminer les différences génétiques relatives entre les deux, calculer une vitesse et découvrir l'âge approximatif du fossile.

Le moment de cette apparition était précédemment estimé à 420 millions d'années. Mais les scientifiques ont pu établir que ces événements s'étaient finalement produits plus de 100 millions d'années plus tôt, décalant ainsi d'autant l'histoire primordiale de tous les êtres vivants.

En effet, les plantes contribuèrent de manière importante au cycle du carbone par l'altération chimique des roches continentales, un processus clé qui régula l'atmosphère et le climat de la Terre puis permit l'apparition des animaux très peu de temps après.

CE QU'IL FAUT EN RETENIR

L'ancêtre des plantes terrestres vivait au milieu de la période cambrienne, ce qui correspond également à l'apparition des premiers animaux terrestres connus.

COMMENT LES PLANTES SAVENT-ELLES QU'ELLES DOIVENT FLEURIR ?

Pour s'épanouir, les plantes doivent cesser leur croissance végétale pour créer des « structures de reproduction » coûteuses en énergie : les fleurs. L'unique moyen de faire naître une prochaine génération. La connaissance de ce processus au niveau cellulaire est essentielle pour comprendre la façon dont les plantes affectent leurs ressources et produisent les composants qui nous tiennent le plus à cœur, comme les céréales, les tubercules, les feuilles, les noix ou les fruits qui comptent autant pour les humains que pour les animaux. Une équipe internationale de chercheurs a étudié le gène FT, le principal déclencheur de la transition vers la floraison printanière de l'Arabette des dames, une plante particulièrement étudiée par les biologistes (cf. « Le monde vu par les plantes »). Or, le gène s'exprimait à des moments différents de la journée selon que la plante soit élevée en plein air ou en milieu confiné avec une lumière artificielle.

Pour les angiospermes – soit plus de 90 % des végétaux terrestres – **la floraison est la décision la plus importante de l'année.**

Lorsqu'il est actif, le gène FT produit une protéine qui se déplace des feuilles jusqu'au « méristème apical racinaire ». Derrière cette appellation scientifique austère se cache le lieu de croissance des racines, mais surtout, la niche de cellules-souches de la pousse. C'est le méristème qui modifie la physiologie de la plante pour la faire passer d'une croissance végétale à une croissance florale. En somme, les chercheurs ont découvert l'interrupteur génétique qui déclenche la floraison !

Ci-contre à droite, la plante *Arabidopsis thaliana* utilisée pour l'expérience débute sa floraison sous la lumière d'un microscope électronique.

« Molecular basis of flowering under natural long-day conditions in Arabidopsis » par Takato Imaizumi et coll. ;

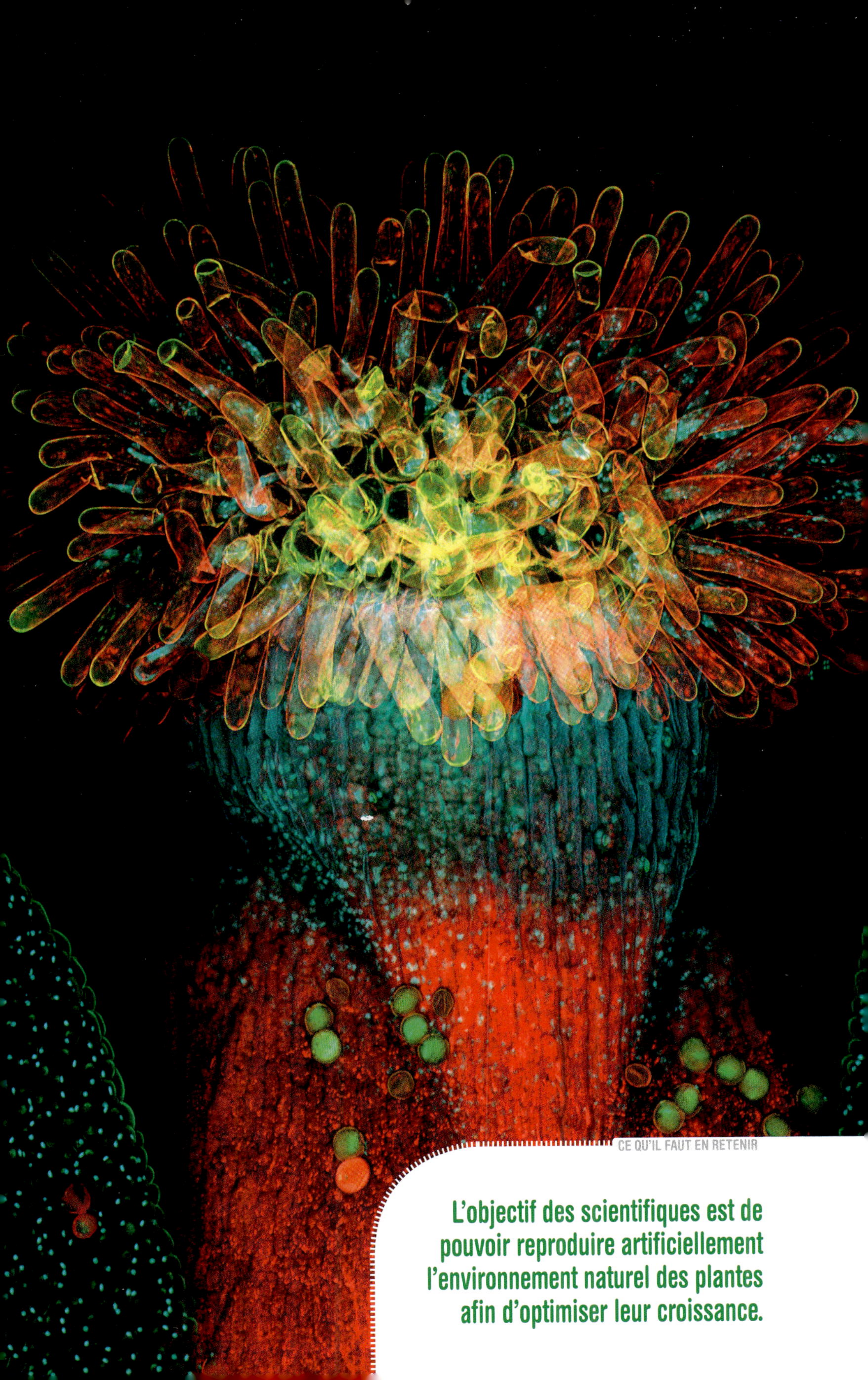

CE QU'IL FAUT EN RETENIR

L'objectif des scientifiques est de pouvoir reproduire artificiellement l'environnement naturel des plantes afin d'optimiser leur croissance.

Spécimen non découpé du chert (fossile) de Rhynie conservé dans les collections du musée d'histoire naturelle de l'université d'Oxford qui contient des végétaux (champignons, lichens) et des animaux pétrifiés en trois dimensions (classé dans le meuble ci-dessus), ils sont exceptionnellement bien préservés grâce à leur pétrification dans la roche volcanique. Tous ont été trouvés près du village de Rhynie à Aberdeenshire en Écosse.

À L'ORIGINE DES RACINES

Bien que les plantes et la végétation soient l'une des principales clés de l'écosystème de notre planète, l'origine des racines – fondement de leur existence physiologique – reste méconnue. En effet, les écoliers apprennent que la racine n'est que le prolongement de la tige vers le bas dont elle se différencie par sa structure interne, la présence de poils absorbants et d'une

Loin d'être des organismes simples arrivés rapidement au stade évolutif qu'on leur connaît, **les plantes actuelles sont le résultat d'une longue évolution.**

« Stepwise and independent origins of roots among land plants » par Liam Dolan et coll. ; *Nature*, aout 2018 ; DOI : 10.1038/s41586-018-0445-z

Examiner l'organisation cellulaire des plantes qui poussaient il y a 407 millions d'années fournit une fenêtre exceptionnelle sur la vie à la surface de la Terre à cette époque. Le Dr Sandy Hetherington du Magdalen College d'Oxford examine des coupes minces d'une racine de la flore de Rhynie.

coiffe terminale, mais surtout par l'absence de feuilles et de bourgeons. Mais il n'en a pas toujours été ainsi.

Pour la première fois dans l'histoire de la biologie, des chercheurs ont pu décrire l'origine de ce fondement végétal. Pour ce faire, ils ont mené une étude au microscope électronique sur le plus ancien écosystème végétal connu : la flore de Rhynie, un fossile vieux de 407 millions d'années. Selon leurs premières conclusions, les racines de cette époque étaient dépourvues de poils absorbants et de coiffe terminale, une physiologie particulièrement étonnante que l'on ne retrouve plus dans les végétaux actuels. On ignore de ce fait comment la plante parvenait à compenser fonctionnellement cette absence, les poils et la coiffe étant essentiels. Ainsi, on peut dorénavant affirmer que les plantes ont été construites pas à pas, au fil des millions d'années… et que de nombreuses étapes transitoires antérieures et postérieures restent à découvrir.

CE QU'IL FAUT EN RETENIR

L'évolution des racines aurait entraîné une réduction spectaculaire du carbone atmosphérique et ainsi modifié l'écosystème de toute la planète. Évolution sans laquelle l'humanité n'aurait jamais pu naître.

GRANDIR VITE ET MOURIR JEUNE ?

Une équipe internationale dirigée par des chercheurs de l'université de Manchester a découvert pourquoi certaines plantes « vivent vite et meurent jeunes » alors que d'autres mènent une vie relativement longue…
Il semble que la réponse se cache sous nos pieds dans les relations entre les microbes du sol et les racines des plantes. Comme dans la fable du lièvre et de la tortue, les plus lents sont parfois mieux récompensés : certaines plantes poussent lentement, mais ont une longue vie en coopérant avec des bactéries ou des champignons aux effets bénéfiques.

La croissance des plantes est contrôlée par **le nombre de micro-organismes nuisibles ou bénéfiques** attirés par leurs racines.

À l'opposé, d'autres poussent vite et ont du succès au début, mais elles sont ensuite détruites par des maladies causées par des micro-organismes nuisibles. En utilisant de nouvelles techniques d'exploration associées aux connaissances existantes sur les champignons et les bactéries dans le sol, des chercheurs britanniques ont découvert que certaines plantes hébergeaient des dizaines de champignons nuisibles dans leurs racines – alors que d'autres éloignaient les bactéries les plus nuisibles… tout en attirant de nombreux champignons bénéfiques qui améliorent leur santé. Les scientifiques pourraient-ils apprendre à contrôler ce phénomène ? Gageons que oui. Et, bien que ces recherches proviennent de prairies du nord de l'Angleterre, il est très probable que les mêmes mécanismes se produisent dans les autres écosystèmes du monde…

Comme pour les animaux, l'alimentation est essentielle à la santé des plantes. Ainsi, des sols riches en nutriments peuvent favoriser la croissance d'une végétation luxuriante, mais également, modifier l'équilibre entre les micro-organismes bénéfiques et ceux causant des maladies. Pour tester les sols et étudier la croissance des plantes, les chercheurs ont reproduit la culture de 14 espèces de prairies du Yorkshire Dales en Grande-Bretagne dans un environnement de laboratoire.

« Fungal diversity regulates plant-soil feedbacks in temperate grassland » par Marina Semchenko.; *Science Advances*, novembre 2018 ; DOI : 10.1126/sciadv. aau4578

CE QU'IL FAUT EN RETENIR

Cette découverte pourrait révolutionner l'agriculture « bio » en favorisant les micro-organismes bénéfiques autour des racines.

Les marais salants de San Elijo en Californie. Les changements climatiques ont rendu cet environnement particulièrement hostile pour la flore à cause des variations saisonnières de salinité... à l'exception de l'algue *Picochlorum*.

COMMENT S'ADAPTER AU CHANGEMENT CLIMATIQUE

Certaines espèces d'algues vertes auraient évolué presque instantanément afin de mieux tolérer les conditions de plus en plus hostiles imposées par le changement climatique dans des marais salants. Elles doivent cette survie à de nouveaux gènes bien plus robustes que les précédents... qu'elles ont volés à des bactéries !

Les algues vertes *Picochlorum* nous montrent comment des organismes peuvent modifier presque instantanément leur génome.

« [...]How Microalgae May Adapt to Variable Environments » par Debashish Bhattacharya et coll. ;
Molecular Biology and Evolution, septembre 2018 ; DOI : 10.1093/molbev/msy167

Fatima Foflonker, une jeune chercheuse du Laboratoire national de Brookhaven aux États-Unis, a découvert que des espèces d'algues vertes avaient littéralement plagié les gènes d'une bactérie pour faire face aux différents stress physiques de son environnement, comme le sel. Elle a également découvert que cette espèce *(Picochlorum)* possède l'un des processus de photosynthèse les plus stables jamais observés pour scinder l'eau en vue de libérer de l'oxygène. Dans un autre registre, la chercheuse a constaté qu'une seconde espèce conserve deux copies très différentes d'un tiers des gènes de son génome, telles des variables qui seraient sauvegardées, afin d'accroître ses possibilités d'évoluer rapidement. Ainsi, bien qu'elles possèdent un génome minuscule comparé à l'être humain, elles ont tout de même réussi à s'adapter génétiquement à des conditions particulièrement hostiles en très peu de temps... C'est pourquoi leur observation est si précieuse afin de comprendre comment contrôler artificiellement de tels changements.

CE QU'IL FAUT EN RETENIR

Ces espèces d'algues permettraient la création de procédés révolutionnaires pour la dépollution des eaux usées et la production de biocarburant.

LE SEXE CHEZ LES PLANTES

Des scientifiques ont voulu examiner de plus près certains aspects de la reproduction des plantes à fleurs à l'aide d'un outil particulièrement innovant, le « laboratoire sur puce ». Il s'agit d'un dispositif miniaturisé pouvant effectuer des tâches à l'échelle nanométrique normalement réservées à un appareillage imposant. Et pour la première fois dans l'histoire des sciences, ils ont pu réellement voir et mesurer ce qui se passait à des étapes clés de la fécondation des plantes.

Les tubes émis par le pollen ont la croissance la plus rapide du monde végétal : **ils atteignent 500 fois leur dimension d'origine à une vitesse de 1 à 2 cm par heure.**

Comme dans la plupart des reproductions sexuées, tout est affaire de spermatozoïdes et d'ovule. Et de distance à parcourir de l'un vers l'autre ! Les spermatozoïdes logés dans des grains de pollen sont incapables de se déplacer par eux-mêmes. Par ailleurs, l'ovule est profondément enfoncé dans le pistil (les tissus femelles de la fleur). Donc, pour atteindre l'œuf, le sperme s'appuie sur un tube « pollinique » qui se prolonge dans le pistil. Ce tube émis par un grain de pollen après germination, permet de conduire les gamètes mâles jusqu'à l'ovule.

Pour féconder l'œuf, le tube pollinique (qui représente entre 1/20 et 1/5 de la largeur d'un cheveu humain) doit naviguer dans un labyrinthe de tissus, quels que soient les obstacles rencontrés. Grâce à la technologie de « laboratoire sur puce », les chercheurs ont mesuré la pression de l'eau et la force exercée par ces minuscules cellules lorsqu'elles poussent à travers les tissus pour atteindre leur destination : elles sont équivalentes à la pression atmosphérique de nos pneus de voiture !

Des grains de pollen adhérant au stigmate d'une fleur réceptive. Après avoir germé, ils forment des protubérances en forme de doigts : les tubes polliniques. L'image a été prise à l'aide d'un microscope électronique à balayage (image en noir et blanc) et des couleurs ont été ajoutées à l'aide d'un logiciel de retouche.

« Measuring the growth force of invasive plant cells using Flexure integrated Lab-on-a-Chip (FiLoC) » par Anja Geitmann et coll. ; *Technology*, décembre 2018 ; DOI : 10.1142/S2339547818500061

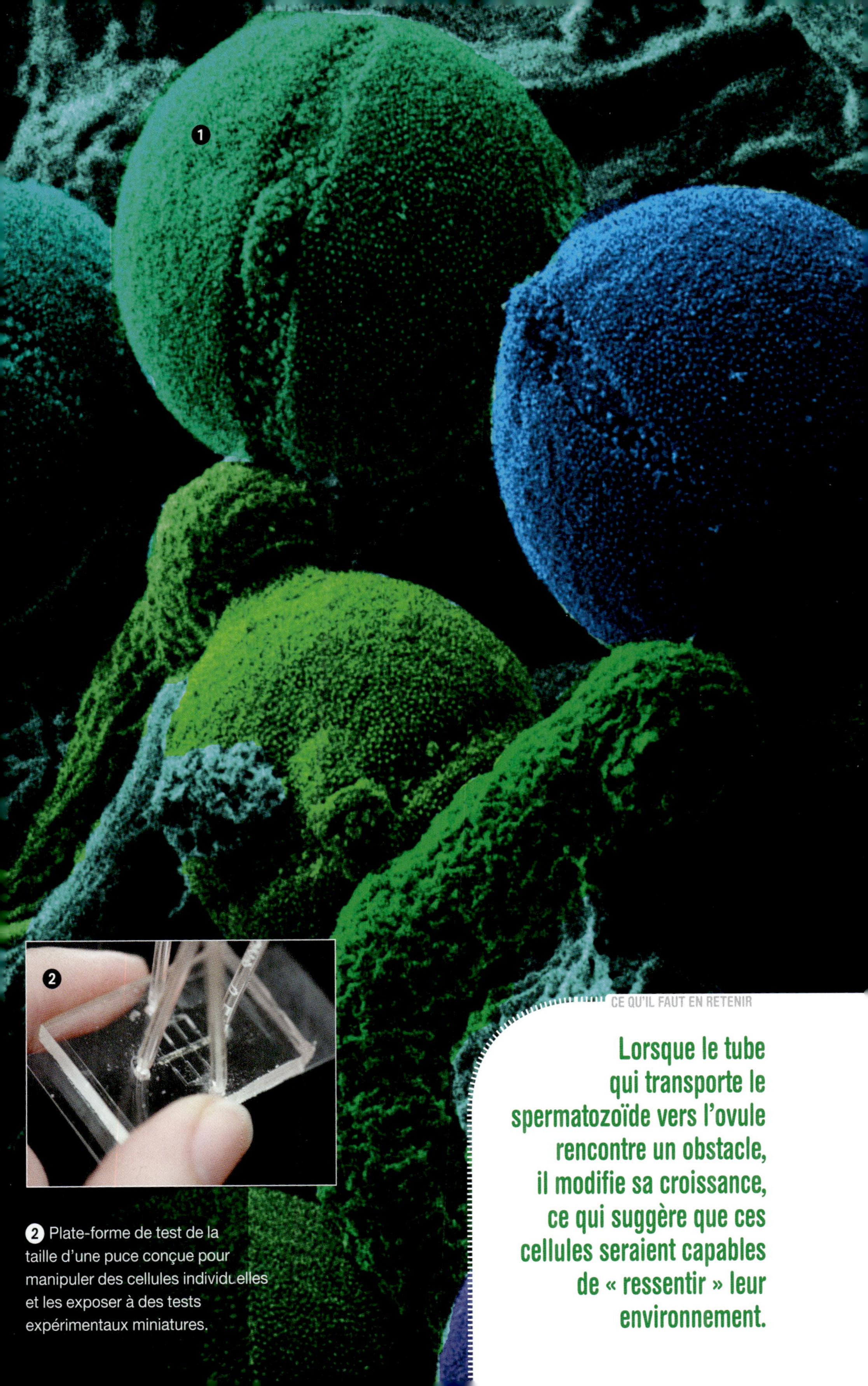

2 Plate-forme de test de la taille d'une puce conçue pour manipuler des cellules individuelles et les exposer à des tests expérimentaux miniatures.

CE QU'IL FAUT EN RETENIR

Lorsque le tube qui transporte le spermatozoïde vers l'ovule rencontre un obstacle, il modifie sa croissance, ce qui suggère que ces cellules seraient capables de « ressentir » leur environnement.

CHAPITRE 3

ANTHRO-POCÈNE

Entre 1990 et 2010, le projet de conservation national du grand panda (NCPGPH) en Chine a doublé la surface de l'habitat de l'animal qui représente actuellement plus de 33 000 km² avec 67 réserves. L'étude étant commandée par le ministère chinois des Sciences et de la Technologie et l'Académie chinoise des sciences, est-elle totalement impartiale ?

PRÉSERVER LE PANDA EST RENTABLE… VRAIMENT ?

En Chine, le panda géant est une icône culturelle. Et pourtant, sa conservation fait souvent l'objet de critiques à cause des coûts irrationnels, financiers et humains, qui y sont mêlés. Selon les spécialistes internationaux, cette préservation quasi religieuse serait d'autant plus absurde qu'elle monopoliserait des ressources précieuses pour d'autres animaux rares alors même que cet ours n'est plus menacé. Mais une nouvelle

La protection du panda en tant qu'espèce **rapporterait 10 à 27 fois plus** que le coût d'entretien des réserves naturelles qui lui sont attribuées.

« The Value of Ecosystem Services from Giant Panda Reserves » ; *Current Biology*, juin 2018 : DOI : 10.1016/j.cub.2018.05.046

étude (chinoise, donc partiale, bien que publiée dans une revue prestigieuse) démontrerait que sa survie a une valeur qui va bien au-delà de la protection des pandas eux-mêmes…

En effet, des chercheurs chinois se sont demandé quelle était l'économie locale de cette préservation avec, d'un côté, ses investissements, mais également, de l'autre côté, ses bénéfices pour les populations ou pour l'environnement des régions concernées.

Ces scientifiques démontreraient que les réserves de pandas offrent une grande variété de services qui sont appréciés par les populations locales, tels que la culture de plantes, le pâturage, l'approvisionnement en eau, la récolte de bois de chauffage… Les régions préservées bénéficient également de la gestion du ruissellement des eaux de pluie, de la rétention des sédiments, de plus de séquestration de carbone (donc moins de pollution), etc. Ce modèle économique pourrait-il s'appliquer à d'autres espèces d'oiseaux, de reptiles ou de mammifères en voie critique d'extinction et totalement abandonnées par le gouvernement chinois ? Les chercheurs ne le disent pas…

CE QU'IL FAUT EN RETENIR

Les scientifiques justifient les efforts déployés pour préserver le panda, mais ne mentionnent pas les sacrifices d'autres espèces que cela aura impliqués…

Tesanoïde Aphrodite est d'autant plus beau que dans les récifs profonds, les animaux vivent dans une pénombre partielle et sont souvent blancs ou transparents. Les mâles ont des rayures rose et jaune (ci-contre), tandis que les femelles arborent une couleur orange vif.

LE POISSON APHRODITE

Des scientifiques de Californie se sont réunis au sein du projet « Hope for Reef » (De l'espoir pour les récifs) afin de sensibiliser les pouvoirs publics sur le fait que les profondeurs océaniques sont tout autant menacées par la pollution et le changement climatique que les zones côtières.
C'est dans ce cadre que Luiz Rocha et son équipe explorent les rochers Saint-Paul, à plusieurs milliers de kilomètres au large du Brésil, en plein océan

Selon Luiz Rocha, le découvreur de l'Aphrodite, celui-ci serait le poisson **le plus beau qu'il n'ait jamais observé.**

« Tosanoides aphrodite, a new species from mesophotic coral ecosystems of St. Paul's Rocks » par Hudson T. Pinheiro et coll.;

Atlantique. Ces affleurements rocheux sont des extensions de la dorsale médio-atlantique, une plaque tectonique sous la surface de l'océan. Compte tenu de la géologie unique de la région et de son emplacement isolé, bon nombre des espèces qui y vivent ne se trouvent nulle part ailleurs sur Terre. Les chercheurs californiens ont découvert « Tesanoïde Aphrodite » lors d'une plongée à plus de 120 mètres de profondeur. Observer un poisson aux couleurs aussi vives fut une surprise, car les zones crépusculaires (avec peu ou pas de lumière) sont plutôt le territoire de poissons cryptiques blancs ou transparents. Émerveillés par ses dessins, ils décidèrent de rendre hommage à la déesse grecque de l'amour et de la beauté en le baptisant Aphrodite. L'analyse de l'ADN a révélé par la suite que cette nouvelle espèce était le tout premier membre de son genre vivant dans l'Atlantique.

CE QU'IL FAUT EN RETENIR

Ce nouvel habitant des profondeurs témoigne de l'extraordinaire richesse des écosystèmes océaniques aussi vastes qu'inexplorés.

LA PRÉCIEUSE DIGESTION DE L'ÉLÉPHANT

Sur les 2 923 éléphants exploités par l'industrie touristique dans le monde, 2 198 se situeraient en Thaïlande alors même que le pachyderme thaïlandais appartient à la branche des éléphants d'Asie qui est en voie de disparition. Plus choquant encore, le déracinement de cet animal sauvage de son habitat naturel aurait des conséquences dramatiques pour la flore. En effet, les grands animaux (la mégafaune), et parmi ceux-ci les herbivores, sont indispensables à la dispersion des semences d'arbres tropicaux (« les fruits mégafaunaux »).

L'arbre *Platymitra macrocarpa* a besoin des éléphants d'Asie en voie de disparition pour disséminer ses noyaux.

Peu d'animaux sont capables d'avaler des fruits si volumineux puis de digérer leurs énormes noyaux. Pour arriver à cette conclusion, des chercheurs ont suivi la consommation de fruits exotiques *Platymitra macrocarpa*. Puis, ils ont calculé l'efficacité de dispersion des noyaux pour chaque espèce se nourrissant des fruits de l'arbre, notamment les cerfs et les ours en plus des éléphants. Alors que ces derniers ne consommaient que 3 % des fruits disponibles, ils étaient responsables de 37 % des graines produisant des semis viables.

La conclusion alarmante des chercheurs est que si les éléphants d'Asie disparaissent, les arbres dont ils se nourrissent verront leur population baisser de manière drastique, modifiant par là même le fragile « cycle du carbone » de l'écosystème forestier.

Ci-contre, les fruits de l'arbre forestier *Platymitra macrocarpa* mesurent jusqu'à 12 centimètres de diamètre et ont une peau très dure. Peu d'animaux sont capables de les ingérer pour ensuite disséminer le noyau et permettre à l'arbre de se reproduire.

© Simon Gardner

« Different megafauna vary in their seed dispersal effectiveness of the megafaunal fruit Platymitra macrocarpa » par Kim R. McConkey et coll. ;

CE QU'IL FAUT EN RETENIR

De manière générale, les animaux sauvages sont indispensables à la reproduction des arbres fruitiers.

La phéomélanine, le pigment responsable de la coloration anormale des singes hurleurs, n'a pas qu'un simple effet esthétique : la netteté de sa coloration jaunâtre affecte ses performances en les rendant plus vulnérables.

© Panthera Costa Rica

LE SINGE QUI CHANGEAIT DE COULEUR

Les couleurs du pelage des primates comptent parmi les phénotypes (traits caractéristiques) les plus diversifiés chez les mammifères. Ces couleurs sont principalement produites par le dépôt de pigments de mélanine dans les cheveux. De nombreuses espèces présentent une grande variation de sa pigmentation, mais celle-ci est restée stable pendant les différents stades de développement. Et si les caméléons ou les pieuvres savent

Par quel mystérieux phénomène les singes hurleurs du Costa Rica deviennent-ils soudainement blonds ?

« A recent shift in the pigmentation phenotype of a wild Neotropical primate » par Ismael Galván et coll. ; *Mammalian Biology*, janvier 2019 ; DOI : 10.1016/j. mambio.2018.10.007

changer de couleur très rapidement, on ne connaît pas de mammifères ni encore moins de primates capables de le faire… Que penser alors de ces petits singes hurleurs du Costa Rica qui arborent soudainement des poils de pattes et de queue jaune vif ? Est-ce contrôlé ou subi ? D'autant plus que le phénomène semble physiologiquement impossible, voire une imposture scientifique comme on en aperçoit souvent sur les réseaux sociaux. Pourtant, les observateurs et les photos transmises étaient plus que crédibles.

Une équipe espagnole de biologie évolutive dirigée par le chercheur Ismaël Galvan est partie enquêter sur place.

Il s'est avéré que cette évolution n'était pas instantanée comme chez les animaux qui se camouflent, elle progresse du noir au jaune depuis les cinq dernières années. En cause, les pesticides des forêts fréquentées par les singes qui contiennent du soufre, favorisant ainsi la production d'un pigment jaune dans le pelage… Les scientifiques sont ainsi passés de l'excitation devant un mécanisme physiologique mystérieux aux effrois de la pollution humaine.

CE QU'IL FAUT EN RETENIR

En devenant blonds, les singes hurleurs risquent de disparaître, car ils ne peuvent plus se cacher de leurs prédateurs…

LA TORTUE PUNK

Tortue domestiquée dans les années 1970, très appréciée pour sa bonhomie et sa résistance, la tortue Mary River a mis plusieurs décennies avant de se voir reconnaître en 1994 le titre d'espèce à part entière… pour finalement intégrer en 2018 la liste EDGE tristement célèbre pour classer les animaux en voie d'extinction critique.

En effet, son habitat naturel – le fleuve Mary en Australie – a été détruit par la construction de nombreux barrages hydrauliques alors que dans un même temps ses œufs étaient prélevés pour le commerce d'animaux et exportés dans le monde entier. De plus, sa maturité sexuelle très tardive peut atteindre 25 ans pour les femelles et 30 ans pour les mâles, un tel phénomène physiologique n'aidant pas à augmenter rapidement sa population.

Ces tortues passent tellement de temps immergées qu'elles se retrouvent recouvertes d'algues, s'offrant ainsi d'**impressionnantes coupes fluorescentes dignes du mouvement punk !**

La sympathique coiffure que vous pouvez observer sur la page ci-contre est constituée d'algues vertes ayant « pris racine » sur la tête de l'animal… En effet, Mary River dispose d'organes, les cloaques, qui lui servent non seulement à uriner ou à pondre ses œufs, mais également à respirer sous l'eau à travers sa peau. Tant et si bien qu'elle peut passer jusqu'à trois jours en immersion sans jamais remonter à la surface !

La tortue Mary River est classée parmi les 100 reptiles les plus menacés de disparition par la Zoological Society of London.

© Chris Van Wyk

« Tetrapods on the EDGE : Overcoming data limitations to identify phylogenetic conservation priorities » par Rikki Gumbs et coll. ; *PLOS ONE* avril 2018 · DOI : 10.1371/journal. pone.0194680

CE QU'IL FAUT EN RETENIR

Selon le chercheur Rikki Gumbs, « la préservation des reptiles est souvent négligée : comme les tigres, les rhinocéros et les éléphants, il est vital de sauver ces animaux uniques. »

LA FAUNE ET LA FLORE DES MONTAGNES

« Si je te fuis, tu me suis »… Pour chaque augmentation de température d'un degré Celsius, la faune et la flore des montagnes grimperaient de 100 mètres, rétrécissant progressivement leur zone habitée. Cette migration entraînerait à terme un déclin spectaculaire des populations. Pour arriver à cette conclusion, des chercheurs ont analysé les variations d'altitude de 975 populations de plantes, d'insectes et d'animaux. Cette étude, la toute première du genre, effraie à plus d'un titre…

En effet, la plupart des espèces vivant au sommet des montagnes analysées par les scientifiques réagissent au réchauffement des températures en se déplaçant vers des environnements plus froids, donc plus hauts. Et forcément, au fil de leur progression sur la montagne, la zone qu'elles habitent

Pour chaque degré de réchauffement, les espèces montagnardes grimpent de 100 mètres, et plus elles s'approchent du sommet, plus elles s'éteignent.

devient de plus en plus petite. Cela permet aux chercheurs de prédire que le réchauffement climatique pourrait éventuellement entraîner l'extinction de nombreuses espèces dès qu'elles auront atteint leur sommet. Ainsi, le papillon des Pyrénées *Zygaena contaminei* que l'on retrouve en France et en Espagne s'est adapté à une augmentation de température d'un degré en se déplaçant de 430 mètres vers les hauteurs – ce qui lui a fait perdre 79 % de son habitat. Une fleur de prairie dans l'Himalaya s'est déplacée de 600 mètres vers les sommets alors que les températures ont augmenté de plus de 2,2 degrés au cours des 150 dernières années. Et ces exemples se retrouvent par centaines…

Après une hausse de 1,1 degré Celsius, la population des gaufres à poche – une espèce de rongeur connue pour ses grosses bajoues qui ont inspiré de célèbres personnages de dessins animés – aurait diminué de 70 % au cours des 80 dernières années dans les montagnes de la chaîne Ruby dans le Nevada.

« Expanding, shifting and shrinking : The impact of global warming on species' elevational distributions » par Benjamin G. Freeman et coll. ; *Global Ecology and Biogeography*, septembre 2019 · DOI : 10.1111/geb.12774

CE QU'IL FAUT EN RETENIR

Selon les scientifiques, nous devrions bientôt constater une forte diminution du nombre d'animaux que les montagnes peuvent accueillir.

CHAPITRE 4

HUMANIMAL

❶ Mango observe une boîte contenant une larve d'insecte dont il raffole.

❷ Il ne peut atteindre sa friandise avec les outils présents.

❸ Il assemble les embouts à sa disposition…

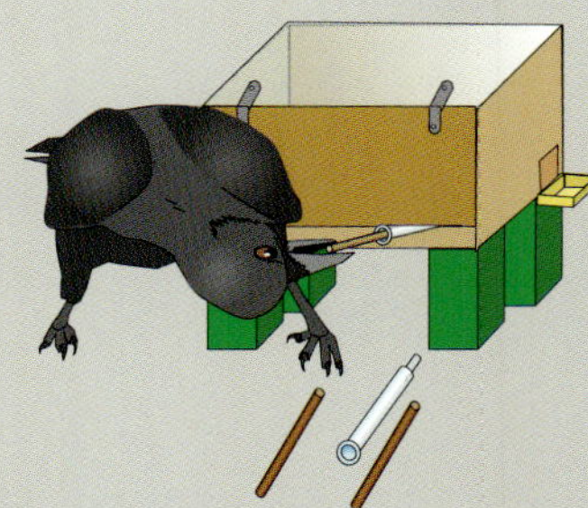

❹ Mango insère l'assemblage pour pousser du bout du bec les aliments à l'extérieur de la boîte.

LE CORBEAU QUI CONSTRUISAIT DES OUTILS COMPLEXES

L'objet le plus extraordinaire aux yeux des spécialistes du comportement animal est certainement l'outil dit « complexe ». Manifestation matérielle de l'adaptabilité, c'est l'un des rares concepts produits par le monde animal que l'on puisse concrètement observer et analyser. Mais surtout, qui permet de véritablement mesurer une intelligence. Il est avant tout créatif. Jamais il n'aurait existé sans qu'une situation nouvelle n'ait conduit son inventeur à

En dehors des humains, la fabrication d'outils simples n'était **connue que chez certains animaux**. Les outils complexes, chez aucun d'entre eux… jusqu'à aujourd'hui.

« Compound tool construction by New Caledonian crows » par A. M. P. von Bayern et coll. ; *Nature Scientific Reports*, octobre 2018 ; DOI : 10.1038/s41598-018-33458-z

Chez les humains, la construction d'outils complexes est souvent présentée comme étant liée à la planification et à la coordination de tâches complexes, ou même au langage. Ce qui est étonnant dans cette expérience, c'est que ces corbeaux ne sont jamais passés par une quelconque forme d'apprentissage. C'est leur adaptabilité qui leur a permis instantanément de résoudre le problème posé. Page ci-contre, l'expérience illustrée étape par étape.

imaginer sa forme. Il est composé de plusieurs unités qui n'ont aucune utilité individuelle : plusieurs petits bouts de bois mis ensemble deviendront ainsi une perche. Voilà pour la théorie.

En pratique, le seul et unique inventeur animal jamais observé serait le *Corvus moneduloides*, plus communément appelé « corbeau calédonien ». Originaire de Nouvelle-Calédonie, cette espèce d'une intelligence redoutable fait l'objet de nombreuses études. Des ornithologues allemands de l'Institut Max Planck viennent de prouver qu'il possédait des aptitudes encore plus sophistiquées que celles qu'on lui prêtait : la création d'objets complexes.

L'expérience était la suivante : les chercheurs ont présenté à huit corbeaux calédoniens des aliments *a priori* inaccessibles.

Devant eux, quatre embouts trop petits pour pouvoir récupérer la nourriture. Loin de vouloir abandonner, quatre oiseaux du groupe ont immédiatement et spontanément combiné ces éléments pour créer des outils sur mesure, en fonction de la distance à atteindre !

CE QU'IL FAUT EN RETENIR

Les corbeaux possèdent des capacités mentales extrêmement souples leur permettant d'anticiper la propriété d'objet qu'ils n'avaient encore jamais vu.

La plupart des lieux de reproduction d'alligators ou de crocodiles sont également des lieux de reproduction pour les aigrettes. En effet, les crocodiles par leur simple présence garantissent l'absence de prédateurs, rendant le lieu relativement sûr.

© Vladimir Dinets

LA PREMIÈRE OBSERVATION D'UN REPTILE UTILISANT UN OUTIL !

Dans une récente série de science-fiction intitulée *Zoo*, les humains subissent une subite explosion de l'intelligence des espèces sauvages à l'échelle planétaire. C'est un peu l'impression donnée par cette découverte sur les crocodiles, dont on réalise soudainement la complexité du comportement…

L'histoire débute en 2007 lorsque le chercheur Vladimir Dinets, zoologiste à l'université du Tennessee, remarqua, par hasard, l'attitude étonnante de

Les crocodiles utilisent des outils **pour chasser certains oiseaux** lorsqu'arrive la bonne saison…

« Crocodilians use tools for hunting » par Vladimir Dinets etc coll.; *Journal Ethology Ecology & Evolution*, **novembre 2013 ; DOI : 10.1080/03949370.2013.858276**

certains crocodiles en Inde. Ils passaient leurs journées dans des eaux peu profondes, presque endormis, de petits bâtons en équilibre sur leurs museaux. Vladimir Dinets fit le guet, tant la posture de l'animal semblait irréelle. Après plusieurs heures, il remarqua qu'une aigrette – un oiseau de la famille du héron – s'approchait de ces petits bâtons qui se révélèrent par la suite avoir une taille idéale pour la confection saisonnière d'un nid. Soudain, le crocodile ouvrit sa gueule béante, loupant de très peu ce grand oiseau échassier. L'incident était-il une technique de chasse préméditée ou une simple coïncidence ?

Quelques années plus tard, Vladimir Dinets se lança dans l'étude d'une autre espèce d'alligators américains sur plusieurs sites aux États-Unis qui abritent des aigrettes. Tous recherchaient activement ces petits bâtons pour reproduire ce surprenant « rituel de chasse » ! Dès lors, il devint officiel que les crocodiliens faisaient partie des très rares animaux capables de manipuler des outils…

CE QU'IL FAUT EN RETENIR

Cette découverte révèle un aperçu surprenant de la complexité du comportement des crocodiliens, lointains cousins des dinosaures, et dont les aptitudes restent largement méconnues.

Lors de l'expérience, l'éléphante Authai devait toucher les dessins comportant le plus grand nombre d'éléments sur un écran tactile. « Au tout début, elle n'avait aucune idée de ce qu'il fallait faire avec l'écran », m'a expliqué Naoko Irie qui a dirigé le test. Elle restait pensive devant le panneau. Et soudain, après quelques minutes de ce qu'il convient de nommer une réflexion, elle a pressé la surface de la vitre avec le bout de sa trompe… elle avait compris !

© Sokendai

L'ÉLÉPHANT QUI COMPTAIT AUSSI BIEN QUE VOUS ET MOI !

Et si les humains n'étaient pas les seuls êtres vivants capables de dénombrer avec précision ? Il est acquis et démontré de longue date que certains animaux sont capables de calculs relatifs, c'est-à-dire de tenir un raisonnement numérique en fonction de grandeurs approximatives. Mais selon des chercheurs japonais, les éléphants d'Asie auraient pourtant une aptitude mathématique non pas relative, mais absolue.

Les éléphants d'Asie ont **l'aptitude mathématique** la plus proche de celle des humains.

« Unique numerical competence of Asian elephants on the relative numerosity judgment task par Naoko et coll. ;

Comme les humains, les pachydermes d'Asie analyseraient avec précision des quantités inférieures à 10. Pour démontrer ce fait, ils ont fait passer quelques tests préliminaires à trois spécimens d'éléphants d'Asie. Seule une jeune éléphante âgée de 14 ans prénommée Authai a montré un intérêt suffisant pour l'expérience en réussissant un entraînement préalable. Les chercheurs nippons lui ont dès lors appris à se servir d'un écran tactile. L'animal devait choisir la proposition qui contenait le plus de fruits. À chaque bonne réponse, Authai recevait un fruit en récompense. Bien évidemment, plus les dessins des différents fruits étaient rapprochés plus elle se trompait, comme les humains.

La conclusion de l'étude est que le pachyderme a répondu aussi vite et précisément qu'un humain avec un taux de bonnes réponses de plus de 70 % !

CE QU'IL FAUT EN RETENIR

Pour la première fois, des chercheurs prouvent qu'un animal peut avoir des aptitudes identiques à la numération humaine, même s'il est privé de langage.

Prise de vue des kéas en train de s'amuser pendant l'expérience. Selon les chercheurs, être affecté émotionnellement par l'appel à jouer conduirait à une meilleure cohésion de groupe chez les kéas comme chez les humains. Et constituerait dès lors un avantage évolutif.

LE RIRE COMMUNICATIF DU PERROQUET

Le rire serait le propre de l'Homme. Et pourtant, nos amis les perroquets sont pourvus de comportements sonores et d'attitudes très proches. Lorsqu'ils jouent ou sont heureux, ils vocalisent des sons saccadés qu'ils accompagnent d'une forme d'excitation physique : ils se saisissent d'objets pour les lancer, renversent leurs congénères ou font semblant de vouloir mordre. Raoul Schwing, de l'université de médecine vétérinaire de Vienne

Des perroquets se mettent à jouer en entendant l'enregistrement d'autres perroquets en train de crier et de s'amuser.

« **Positive emotional contagion in a New Zealand parrot** » par Raoul Schwing et coll. ; *Current Biology*, mars 2017 ; DOI : 10.1016/j.cub.2017.02.020

en Autriche, s'est demandé si l'on pouvait provoquer cet état par un appel à jouer sonore. En effet, bien qu'il ait été démontré que les rats produisent des appels spécifiques lorsqu'ils jouent ou que des primates jouent plus longtemps lorsqu'ils entendent des congénères en train de s'amuser, pour autant, « l'appel au jeu » n'avait jamais été véritablement expérimenté chez des animaux.

Le chercheur autrichien et son équipe ont enregistré pendant cinq minutes l'agitation joyeuse de perroquets kéas sauvages sur une montagne du parc national d'Arthur's Pass, en Nouvelle-Zélande. Puis, ils l'ont diffusée à des kéas en captivité dans une volière. Comme s'ils répondaient à un appel à se réjouir, les kéas les plus inactifs de la volière se sont mis à pousser des cris, à se bousculer de manière fantaisiste et à faire des acrobaties aériennes. Selon les scientifiques, cette observation conforte indiscutablement l'hypothèse selon laquelle les vocalisations peuvent provoquer une contagion émotionnelle positive chez des perroquets et constituer un appel à jouer aussi irrésistible que pour des enfants.

CE QU'IL FAUT EN RETENIR

Les humains ne sont pas la seule espèce capable d'une contagion émotionnelle positive transmise par le son.

QUAND LES VAUTOURS SE MAQUILLENT LE VISAGE

Le vautour percnoptère a le front et les mandibules ornés de poils blancs et d'un plumage gris. Enfin, habituellement. Car sur l'île de Fuerteventura, aux Canaries, non loin des côtes africaines, sa tête et son cou sont rougeâtres, allant selon les individus du brun pâle au rouge foncé. Les scientifiques ont été surpris de constater que ces oiseaux rares… se maquillent la face!
Les hypothèses vont bon train depuis que le phénomène a été décrit par le zoobiologiste canadien Bob Montgomerie. Une première explication possible serait que la boue a des vertus sanitaires et qu'elle éloigne les bactéries et les virus. Pourtant, aucun autre animal ne procède jamais ainsi, et le bénéfice en matière d'hygiène serait somme toute assez relatif.
D'autres oiseaux utiliseraient cette technique de coloration cosmétique. Le

Le mystère des vautours égyptiens qui prennent des bains de boue et peignent leur tête est total…

gypaète barbu se salit pour dominer ses congénères. Certains flamants roses sécrètent des substances qui changent la couleur de leur plumage. Mais on est loin de la notion de « cosmétique ». D'autant plus que l'un des aspects les plus intéressants serait qu'il existe une grande variation de maquillages selon les individus et que ces aspects chromiques seraient contrôlés par l'animal… Et s'il s'agissait d'une forme de communication non sonore? Le mystère reste entier…

❶ Le maquillage modifie considérablement l'apparence générale de l'oiseau. S'agirait-il d'un mode de communication visuel?

❷ Les oiseaux qui entrent dans la cavité boueuse contenant les pigments commencent généralement par gratter soigneusement le sol avec leurs pattes. Puis, ils glissent la tête dans la boue. En fonction de sa dilution, les plumes de la tête, du cou et du thorax prennent une coloration plus ou moins ocre.

« Cosmetic coloration in Egyptian vultures : Mud bathing as a tool for social communication ? » Par Thijs van Overveld. ;

CE QU'IL FAUT EN RETENIR

Cette découverte inaugure des pistes de recherche passionnantes sur la cosmétique et la communication visuelle chez les oiseaux.

Pour mener à bien leurs études, les chercheurs ont observé deux populations de chimpanzés du parc national taï en Côte d'Ivoire. Ils ont conclu que la nature particulièrement collective des stratégies de chasse de ces chimpanzés est soutenue physiquement comme chez les humains, par des mécanismes neuroendocriniens (production d'hormones). Ici, un groupe partage sa viande après avoir chassé.

© Liran Samuni, Taï Chimpanzee Project

LA RÉCOMPENSE DU TRAVAIL CHEZ LES CHIMPANZÉS SAUVAGES

Chez certaines espèces de chimpanzé, réussir une chasse consisterait autant à participer, même si c'est infructueux, qu'à réussir la capture elle-même. En effet, suite à cette participation, les protagonistes se voient récompensés par le partage de la viande chassée. Et ce, même s'ils ont échoué !

A contrario, les non-chasseurs auront un accès bien plus restreint à la nourriture et se verront même contraints à une forme de mendicité pour obtenir

Chez les chimpanzés, **le travail collectif** est bien mieux récompensé que la mendicité…

« Reward of labor coordination and hunting success in wild chimpanzees » par Liran Samuni. ; *Nature Communications Biology*, septembre 2018 ; DOI : 10.1038/s42003-018-0142-3

un peu de viande. Plus étonnant encore, l'équipe de chercheurs suisse et allemande à l'origine de ces études a découvert que le retour de la chasse était suivi par l'activation de l'ocytocine, une hormone très connue chez les humains. Elle est sécrétée par la glande hypophyse, à la base du crâne et serait à l'origine du lien parental… mais aussi du lien social ! Parfois appelée « hormone du bonheur », elle apparaît aux yeux des chercheurs comme étant de plus en plus importante pour l'épanouissement et le développement de l'être humain.

Les chercheurs concluent que, comme pour des projets humains, le succès de la chasse chez les chimpanzés dépendrait de la motivation et du rendement de chaque individu. Dans un tel mécanisme, les participants sont récompensés même s'ils n'ont pas attrapé de proies, ceci dans le but de soutenir la coopération et d'augmenter les performances futures du groupe.

En bref, d'instinct, les chimpanzés sont d'excellents managers !

CE QU'IL FAUT EN RETENIR

L'accès permanent à la viande décrit chez ces chimpanzés serait également apparu au cours de l'évolution humaine avec pour bénéfice des zones cérébrales dédiées au travail collaboratif.

LE SINGE QUI SAVAIT NAGER ET PLONGER

Dans la mangrove de Bornéo, une île proche de l'Indonésie, évolue un petit singe fort sympathique. Regard taquin, nez digne d'un klaxon de vélo et ovale joufflu, le « singe proboscis » plus communément appelé « nasique », vit dans les arbres au-dessus des rivières et tourbières typiques de la mangrove. Selon le chercheur britannique Lee Harding de l'université d'Oxford, il pourrait faire des plongeons et nager une vingtaine de mètres avant de refaire surface. Au point que ses mains et ses pieds sont quelque peu palmés. Certes, d'autres singes comme les macaques peuvent également plonger pour se nourrir de crabes ou de crustacés, mais jamais en retenant leur respiration et en nageant sur de si grandes distances.

Pour la première fois, un singe a été observé **en train de nager** une longue distance sous l'eau.

Les singes proboscis semblent être plus attachés à l'eau que n'importe quelles autres espèces de singes. Ils ne s'aventurent jamais loin de leur plan d'eau, et ils y reviennent toujours pour la nuit. Les scientifiques ignorent encore la raison objective de cette proximité nocturne alors qu'ils sont bipèdes et arboricoles. Lee Harding conclut que cela est certainement lié à leur régime alimentaire qui est riche en feuilles de mangroves ou en plantes qui ne poussent qu'autour de l'eau. De plus, une bonne visibilité le long des berges de la rivière permettrait aux singes de repérer plus facilement d'éventuels dangers…

Les singes proboscis ne vivent que sur l'île de Bornéo à proximité immédiate des cours d'eau. Leur espèce est classée « en danger de disparition » par l'Union internationale pour la conservation de la nature et des ressources naturelles.

« Nasalis larvatus (Primates : Colobini) » par Lee E. Harding. ;
Mammalian Species décembre 2015 ; DOI : 10.1093 / mspecies / sev090

CE QU'IL FAUT EN RETENIR

Selon la théorie controversée dite du « singe aquatique », c'est parce que les humains vivaient à proximité de l'eau qu'ils auraient pu évoluer – la perte de nos poils étant liée à la nage.

CERTAINS GORILLES MÂLES SONT DES PAPAS-POULES

Hostile, la jungle ? Pas tant que ça ! Une étude sur les gorilles sauvages du Rwanda a révélé que certains mâles passent un temps infini à soigner et à nourrir les bébés, leur progéniture… mais également celle des autres, en plus de la leur ! Et que ces papas-poules auraient par ailleurs environ cinq fois plus d'enfants que les autres mâles.

Nous ne sommes plus les seuls hominidés dont les mâles **aident les enfants**.

« Caring for infants is associated with increased reproductive success for male mountain gorillas » par Stacy Rosenbaum et coll. ; *Nature Scientific Reports*, octobre 2018 ; DOI : s41598-018-33380-4

Pour améliorer la reproduction, la sélection naturelle autorise la création de davantage de pères que de géniteurs chez des hominidés pourtant non monogames.

Celui qui servit jadis de modèle au monstre King Kong serait ainsi, comme dans le célèbre film, bien plus sentimental qu'il n'y paraît.
Les scientifiques sont d'autant plus surpris que chez les primates, l'accès à la progéniture est, comme l'accès aux femelles, protégé par le mâle dominant et donc très concurrentiel. Les mâles cherchent à se remplacer, à s'écarter les uns les autres dans une lutte de pouvoir permanente. Les gorilles mâles veillent sur leurs « harems » de femelles et sur les petits. Mais dans 40 % des populations de gorilles de montagne étudiés au Centre de recherche Karisoke du Dian Fossey Gorilla Fund dans le parc national des Volcans au Rwanda, il y avait jusqu'à neuf mâles par groupe. Dès lors, le combat ne suffit plus, il faut aussi attirer l'attention des femelles. Et pour y arriver, ils doivent faire preuve d'ingéniosité. Conclusion de l'étude, plus ils passent de temps avec les nourrissons, plus ils ont de succès en matière de reproduction !

CE QU'IL FAUT EN RETENIR

Chez les gorilles, le plus court chemin pour atteindre le cœur d'une mère serait, comme chez les humains, de prendre soin des enfants !

DES SINGES AMIS AVEC DES LOUPS !

La primatologue américaine Vivek Venkataraman du Dartmouth College et le photographe britannique Jeff Kerby ont remarqué un bien curieux phénomène en 2008 en Éthiopie : une espèce rare de loups cohabitait avec des singes Gélada. La vie des scientifiques est avant tout faite de patience, car ce n'est que sept années plus tard, en 2015, qu'ils ont pu revenir sur place pour se consacrer à l'étude de ce phénomène naturel qui les avait tant intrigués. Vivek Venkataraman m'a confié que ce fut un travail de terrain particulièrement éprouvant : imaginez des chercheurs courant après des loups à 3 500 mètres d'altitude dans un environnement montagneux accidenté… Le Gélada ressemble à s'y méprendre au babouin. Ce grand singe vit

Dans les prairies alpines de l'Afrique orientale, **loups d'Éthiopie et singes Gélada** semblent vivre une histoire d'amitié sans pareille…

exclusivement sur les hauts plateaux d'Érythrée et en Éthiopie, dans la même région que « son ami » *Canis simensis*, le loup d'Éthiopie. Ce dernier est considéré comme le canidé le plus rare au monde avec une population totale estimée à quelques centaines d'individus seulement. De fait, selon les scientifiques, ce comportement extraordinaire disparaîtra probablement dans les dix prochaines années avec le dernier loup d'Éthiopie, d'où l'urgence de les observer. En contact par leur langage corporel ou la simple présence de l'autre, on peut considérer que les deux espèces se connaissent. Et qu'ils appréhendent en permanence les limites de chacun. Vivek Venkataraman insiste pourtant sur le fait qu'il serait impropre de parler de « domestication », leur relation n'étant pas basée sur la domination.

L'amitié entre les loups d'Éthiopie et les singes Gélada des hauts plateaux du centre-nord de l'Éthiopie est inédite : aucun équivalent n'avait jamais été observé sur la planète.

© Jeffrey Kerby

« Solitary Ethiopian wolves increase predation success on rodents when among grazing gelada monkey herds » par Vivek Venkataraman et coll. ; *Journal of Mammalogy*, mars 2015 ; DOI : 10.1093/jmammal/gyu013

CE QU'IL FAUT EN RETENIR

Bien que les loups et les singes communiquent et cohabitent, on ne peut affirmer qu'il s'agit de « domestication » comme les humains avec les chiens, puisqu'il n'y a aucune domination.

Ci-contre, le chimpanzé sauvage Sinkie attend que quelqu'un lui donne du jus.

LES CHIMPANZÉS SONT DES MANIPULATEURS GÉNÉREUX

Deux études permettent de montrer que les chimpanzés manipulent leurs congénères, mais aussi, partagent leurs compétences les plus utiles concernant les outils… comme le feraient des humains !

Dans une première expérimentation, on observe que des chimpanzés peuvent manipuler d'autres chimpanzés et s'en servir comme outils pour satisfaire leurs propres besoins. Pour arriver à cette démonstration, ils ont présenté

Il existait peu d'observations d'animaux **utilisant leurs congénères comme outils physiques**, encore moins de transmission culturelle d'une innovation technologique…

« **Wild chimpanzees select tool material based on efficiency and knowledge** » **par Klaus Zuberbuhler.** ; *Proceedings of the Royal Society B.*, octobre 2018 ; DOI : 10.1098/rspb.2018.1715

à un groupe de chimpanzés semi-sauvages un bouton qui faisait couler à distance du jus de fruits. L'animal ne pouvait que pousser les boutons ou boire à fontaine, jamais pousser et boire simultanément. Ainsi, pour obtenir le jus tant désiré, un autre individu était indispensable. Au cours des tests, un mâle est parvenu à convaincre ses congénères plus d'une centaine de fois pour arriver à ses fins, soit en mendiant main tendue… soit en les poussant violemment vers les boutons !

Dans une tout autre expérience, des scientifiques ont observé la transmission de l'innovation technologique à travers l'utilisation de mousse pour fabriquer des éponges végétales et transporter de l'eau. La question étant de comprendre comment cet usage innovant s'était propagé dans la communauté des chimpanzés. De l'eau a été placée dans un trou – et à proximité de la mousse pour fabriquer des éponges afin de récupérer le précieux liquide. Sur 20 chimpanzés, la moitié savait immédiatement fabriquer des éponges avec de la mousse, une technique inédite qui n'avait pourtant été apprise que depuis peu par un seul animal…

CE QU'IL FAUT EN RETENIR

Ces découvertes prouvent que la culture se transmet chez les chimpanzés, ce qui devait déjà être le cas chez notre ancêtre commun.

Neuf longues années d'observations sur un ensemble relativement stable de 38 dauphins furent nécessaires pour valider scientifiquement un comportement aussi étonnant.

COPROPRIÉTÉ EN *TIME-SHARING* CHEZ LES DAUPHINS

Une étude scientifique a permis de révéler un comportement étonnant chez les grands dauphins *(Tursiops truncatus)* vivant au large des côtes slovènes. Les animaux étaient divisés en deux groupes qui s'évitaient poliment. Au point de se répartir les heures de chasse à différents moments de la journée pour être certains de ne pas se croiser.

C'est la première fois que l'on observe des mammifères marins se partager la mer **selon des créneaux horaires.**

« Behavioural and temporal partitioning of dolphin social groups in the northern Adriatic Sea » par Tilen Genov et coll.

Cette stratégie sociale n'avait jamais été observée chez des animaux sauvages, a fortiori des mammifères marins.

Pour y arriver, les chercheurs ont identifié chaque individu grâce à sa nageoire dorsale. Puis à chaque observation, ils enregistraient l'heure et le lieu. Les mammifères marins se divisaient en deux groupes de 19 et 13 individus, avec un troisième groupe « neutre » de 6 dauphins qui semblaient refuser de choisir leur camp… Les 19 membres du groupe le plus important avaient tendance à chasser autour des chalutiers dans la baie de Trieste en Italie. Et, bien que les autres dauphins aillent dans cette même région, ils ne s'y croisaient pratiquement jamais.

C'est ainsi que les chercheurs ont découvert que le groupe le plus important se trouvait dans cette zone entre 7 h et 13 h, alors que le second ne revenait qu'entre 13 h et 21 h !

CE QU'IL FAUT EN RETENIR

Les chercheurs ignorent pourquoi les dauphins établissent ces horaires, mais supposent que cette alternance diminuerait la concurrence directe pour la nourriture.

L'HUMANITÉ DE L'ORQUE

Des chercheurs espagnols ont étudié les traits de personnalité de 24 orques captifs au sein de plusieurs parcs aquatiques aux États-Unis et en Espagne. Les membres du parc ayant travaillé avec les orques ont répondu à une enquête en classant chaque animal selon une liste de 38 traits de caractère parmi lesquels l'amour, l'indépendance, l'entêtement, le courage, la sensibilité, la protection... Cette enquête, appelée par les psychologues « modèle des cinq facteurs de personnalité », a été développée dès les années 1930, et peut servir à l'étude des humains comme des animaux. Elle est rendue possible par la combinaison d'adjectifs élémentaires ou de phrases très simples décrivant l'individu au sein d'un groupe. Finalement, il s'est avéré que la ressemblance entre êtres humains et orques était frappante pour de nombreuses caractéristiques telles que l'extraversion (par exemple, ludique et sociable), la conscience (constant, obstiné et protecteur) ou encore « l'agréabilité » (patient et paisible)...

Les orques possèdent **certains traits de personnalité humaine** tels que l'amusement, la gaieté et l'affection.

Les orques peuvent vivre jusqu'à 90 ans. Ils chassent et partagent leur nourriture au sein de groupes particulièrement soudés, faisant preuve de compétences avancées en matière de communication et de coopération. Les scientifiques pensent que ces traits de personnalité sont apparus au fil de l'évolution, car ils étaient indispensables pour établir certaines formes d'interactions sociales.

« L'humanité de l'orque » a fait la une de la presse internationale en juillet 2018 lorsqu'une jeune femelle de 20 ans a été observée alors qu'elle poussait son nouveau-né décédé au large de l'île de Vancouver. Avec l'aide d'autres membres de son groupe, elle a maintenu le veau (c'est le nom du petit de l'orque) mort à flot pendant 17 jours tout en nageant sur des centaines de kilomètres.

« Personality in captive killer whales (Orcinus orca) : A rating approach based on the five-factor model. » Par Úbeda Y. et coll. ;

CE QU'IL FAUT EN RETENIR

Les traits de personnalité des orques et des primates sont similaires par convergence d'évolution des espèces : elles ont besoin de capacités cognitives supérieures pour établir des interactions sociales complexes.

La chercheuse australienne Jenny Allen et son équipe du Laboratoire d'écologie et d'acoustique des cétacés de l'université du Queensland ont examiné la structure et la complexité de chansons interprétées par les populations de baleines à bosse d'Australie pendant 13 années consécutives. En étudiant le mécanisme de transmission du chant, elle espère pouvoir établir certaines similitudes avec le développement culturel et social de l'être humain.

« RÉVOLUTION CULTURELLE » CHEZ LES BALEINES

Les oiseaux utilisent la complexité de leurs chants pour évaluer la valeur des mâles avant la reproduction. Le phénomène est observé depuis de nombreuses années. Pour autant, cette fonction évolutive n'est pas forcément transposable à tous les animaux chanteurs. Il en est ainsi de la chanson chez les baleines à bosse, dont la fonction reste étonnamment mystérieuse. Par-delà le fait extraordinaire que celles-ci chantent toutes le même air en chœur au même moment, la « partition » évolue progressivement

Le chant des baleines à bosse **change soudainement** au point de ne plus être reconnaissable !

« Cultural revolutions reduce complexity in the songs of humpback whales » par Jenny A. Allen et coll. ; *Proceeding of the royal society B.*, novembre 2018 ; DOI : 10.1098/rspb.2018.2088
« Culturally transmitted song exchange between humpback whales [...] » par Melinda L. Rekdahl et coll. ;

grâce à des « embellissements » apportés par certains jeunes mâles et que leurs congénères s'approprient. Pourquoi changer ? me direz-vous. Pour leur permettre de se démarquer ! Un peu comme des adolescents qui tenteraient de changer une société trop conformiste…

De fait, au fil de ces variations musicales, les baleines à bosse chantent des partitions de plus en plus complexes. Au terme d'une période d'environ deux années, *a contrario,* les chansons seront simplifiées. Ce qui suggère une limite cognitive dans leur capacité à apprendre encore et toujours de nouveaux airs. Enfin, un nouveau paroxysme survient le jour où, en guise d'embellissement, les prochaines générations enrichiront à nouveau, inaugurant ainsi un nouveau cycle.

Les baleines à bosse constituent un modèle d'apprentissage culturel unique chez les animaux : elles apprennent et diffusent rapidement leurs chants sur des populations entières, comme le font les humains.

CE QU'IL FAUT EN RETENIR

Les baleines à bosse chantent toutes le même air au même moment à l'échelle d'un bassin océanique… et le font évoluer ensemble ! Une telle transmission culturelle est comparable aux sociétés humaines.

CHAPITRE 5

RECORDS

Les mandibules de la fourmi Dracula *(Mystrium camillae)* claquent à une vitesse pouvant atteindre 90 mètres par seconde.

© Adrian Smith

L'ANIMAL LE PLUS RAPIDE DE LA PLANÈTE

Le mouvement le plus rapide au monde appartiendrait à une fourmi pas plus grosse que le bout de votre doigt. Surnommée la Dracula *(Mystrium camillae)*, cette espèce minuscule est aussi discrète qu'insaisissable aux yeux des entomologistes. Je ressens le besoin de préciser à mon courageux lecteur que c'est également un prédateur qui aime sucer le sang de ses propres larves, une pratique décrite sous le nom de « cannibalisme non destructif ».

La fourmi Dracula (*Mystrium camillae*) détient désormais le titre du mouvement corporel le plus rapide jamais observé.

« Snap-jaw morphology is specialized for high-speed power amplification in the Dracula ant, Mystrium camillae » par Andrew V. Suarez et Coll.;

Plus étonnant encore, une étude révèle que les mâchoires de ce mystérieux animal peuvent se refermer cinq mille fois plus vite qu'un clin d'œil ! Peu de biologistes seraient capables de saisir techniquement un mouvement aussi bref. Les scientifiques de l'institut Smithsonian aux États-Unis ont utilisé une caméra à très haute vitesse, dont il n'existe que quelques exemplaires dans le monde.

L'observation au ralenti révèle ainsi qu'en appuyant sur les pointes de ses mandibules (les maxillaires inférieurs), la pression des mâchoires de la fourmi s'intensifie jusqu'à atteindre un point de rupture, libérant finalement le mouvement qui referme le terrible étau. Du début à la fin, l'action prend 0,000015 seconde, passant de 0 à environ 320 km/h en une fraction d'instant.

Les habitudes d'alimentation et de nidification de *Mystrium* se limitent également aux tunnels confinés dans le sol, ce qui d'un point de vue évolutif peut favoriser un mouvement rapide à défaut de disposer d'espace pour déployer ses mandibules.

CE QU'IL FAUT EN RETENIR

Ce mécanisme fonctionne à une allure météorique, mille fois plus rapidement que ce dont les mains humaines sont capables.

LA CREVETTE QUI FRAPPE AUSSI FORT QU'UNE BALLE DE REVOLVER

Les squilles multicolores ou « crevette-mante paon » sont d'étonnants prédateurs grâce à leurs pattes très perfectionnées. Celles-ci sont massives, lestées de massues calcaires pour briser coquilles et carapaces de leurs adversaires. La squille multicolore fait partie de ces animaux frappeurs. Selon Ali Miserez de l'université de technologie de Nanyang à Singapour, son appendice fonctionne un peu à la manière d'un arc et d'une flèche : les muscles tirent sur la massue pour la plier comme un arc, et lorsqu'elle est libérée, de l'énergie est transférée à son extrémité.

La frappe de la squille multicolore délivre une accélération et une précision **proche d'un calibre 22.**

Le chercheur a constaté qu'une telle force était possible grâce à une structure à deux couches. La couche supérieure est constituée d'un matériau osseux ressemblant à de la céramique et la couche inférieure est faite de biopolymères ressemblant à du plastique. Lorsque la massue est pliée, la couche supérieure est comprimée et la couche inférieure est étirée. Ainsi, elle ne se brise jamais tout en défonçant les carapaces des adversaires les plus redoutables !

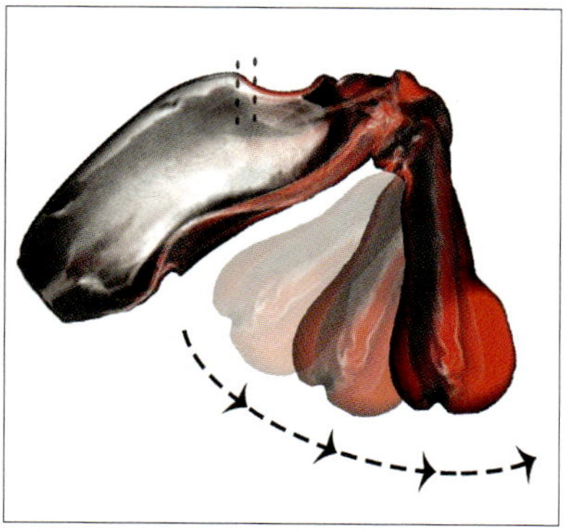

Dessin de l'appendice utilisé comme un ressort et qui permet à la massue de frapper à près de 100 kg en 2 millièmes de seconde sur une surface très réduite.

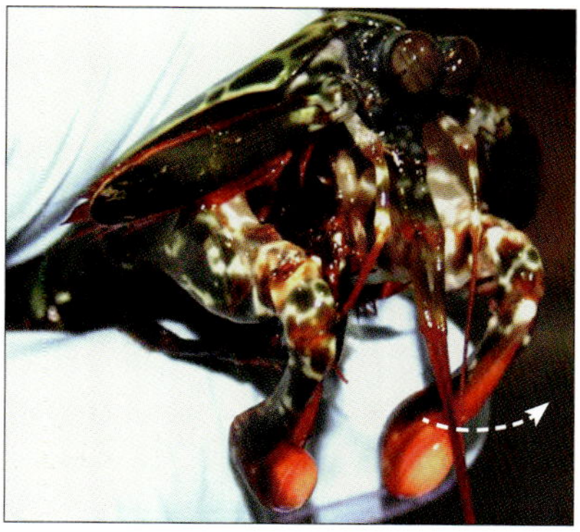

Massue de la crevette-mante lors de l'expérience, juste avant de frapper.

Paru dans *iScience* en octobre 2018 ;
DOI : 10.1016/j.isci.2018.08.022

La morphologie de la squille multicolore ressemble à celle de la crevette. De plus, ses pinces repliées lui donnent l'allure d'une mante religieuse. C'est pourquoi les scientifiques l'ont surnommée « crevette-mante », alors qu'elle n'appartient à aucune de ces deux espèces.

CE QU'IL FAUT EN RETENIR

Le mécanisme de frappe de la crevette-mante pourrait être utilisé dans de minuscules robots-béliers, capables de briser toutes formes d'obstacles…

❶ Les requins du Groenland comptent parmi les plus grands requins carnivores de la planète, mais leur rôle de prédateurs « de pointe » dans l'écosystème arctique est totalement négligé.

❷ Ils sont souvent attrapés et tués par les filets des pêcheurs dans l'Atlantique Nord. Les scientifiques appellent la communauté internationale à protéger cet animal hors norme.

© Julius Nielsen, université de Copenhague

LE VERTÉBRÉ LE PLUS ÂGÉ DE LA PLANÈTE

Le requin du Groenland est l'un des plus grands requins du monde, mais il est également l'un des animaux les moins compris. Sa physiologie et son mode de vie restent un mystère pour les biologistes. Il y a plus de 50 ans, le scientifique danois Paul Marinus Hansen a découvert que ces requins grandissaient d'environ un centimètre par an. Depuis lors, les chercheurs spéculaient sur la durée de vie de cette curieuse espèce qui peut atteindre

Avec ses 400 ans, **le requin du Groenland** a la plus longue espérance de vie de tous les animaux vertébrés connus.

« Eye lens radiocarbon reveals centuries of longevity in the Greenland shark » par Julius Nielsen et coll. ; *Science*, août 2016 ; DOI : 10.1126/science. aaf1703

5 mètres, sans oser affirmer qu'une telle longueur ferait 500 ans d'espérance de vie. La question est restée d'autant plus incertaine que l'âge des requins du Groenland ne peut être confirmé à l'aide des méthodes traditionnelles utilisées pour les poissons. Une équipe internationale de chercheurs, dirigée par des biologistes marins du département de biologie de l'université de Copenhague, a révélé l'âge véritable de certains spécimens. Pour y arriver, Julius Nielsenet et ses collègues ont utilisé une technique de datation au radiocarbone (carbone 14) utilisée par les archéologues. Cette technologie est efficace pour déterminer des périodes – *a minima* – de plusieurs siècles, d'où le fait qu'elle n'était pas employée par les zoologues… Les deux plus grands requins de cette étude, mesurant 493 et 502 centimètres de longueur, auraient envircn 335 et 392 ans. Sur la base de ces résultats, le requin du Groenland est assurément le plus vieil animal vertébré connu qui évolue sur Terre ! Reste à déterminer les secrets de sa longévité…

CE QU'IL FAUT EN RETENIR

Les femelles enceintes mesurant toutes plus de 4 mètres, cela induirait que leur maturité sexuelle intervient à 150 ans !

L'UN DES SERPENTS LES PLUS RARES AU MONDE

À peine l'article scientifique décrivant une nouvelle espèce est-il paru, celle-ci étant reconnue par la communauté des chercheurs, qu'immédiatement elle se retrouve classée dans la liste rouge des animaux en voie d'extinction.
C'est ainsi qu'une équipe de biologistes australienne dirigée par le professeur Bryan Fry de l'université du Queensland a découvert une nouvelle espèce de serpent *Vermicella annulata* (également appelé « bandy-bandy ») à Weipa sur la côte Est australienne.

Certaines régions sauvages d'Australie sont **des viviers d'espèces inconnues.** Mais l'exploitation minière pourrait bien empêcher de les découvrir…

Le bandy-bandy est un type de serpent fouisseur ; les chercheurs australiens ont été d'autant plus étonnés de repérer cette nouvelle espèce à l'air libre, en plein soleil, sur un bloc de béton au bord de la mer. Ils comprendront par la suite que le reptile s'était glissé sur un tas de gravats de bauxite, une roche brute exploitée pour produire de l'aluminium et qu'il était sur le point d'être chargé sur un navire… et d'échapper ainsi définitivement aux annales de la zoologie ! C'est Chantelle Derez, une jeune étudiante du professeur Fry, qui l'aperçoit et se fie à son intuition. Le dessin de sa peau puis son analyse génétique confirmeront qu'il s'agit bien d'une nouvelle espèce.
Mais la découverte de ce petit serpent énigmatique est représentative du manque de connaissances de notre biodiversité et de la perte imminente de nombreuses ressources avant même de les découvrir.

L'équipe du professeur Bryan Fry a découvert le premier spécimen de serpent *Vermicella annulata* dans un port ❷, le deuxième dans son habitat naturel près de Weipa… ❶ ❸ et un tro sième sur une route, tué par une voiture !

© Freek Vonk

« A new species of bandy-bandy (Vermicella : Serpentes : Elapidae) from the Weipa region, Cape York, Australia » par Bryan G. Fry et coll. ;

CE QU'IL FAUT EN RETENIR

L'importance de telles découvertes est primordiale, car les venins sont riches de composés inédits permettant de développer de nouveaux médicaments.

Les grenouilles Gardiner mâles sont étonnamment bruyantes : elles produisent avec régularité une seule note de 0,19 seconde d'une fréquence d'environ 5 710 hertz inaudible pour l'oreille humaine.

LE SEUL ANIMAL CAPABLE D'ENTENDRE AVEC SA BOUCHE

« S'il fallait tenir compte des services rendus à la science, la grenouille occuperait la première place », écrivait avec amusement le physiologiste Clause Bernard. Une fois n'est pas coutume… Écoutez bien, c'est une affaire d'audition ! La plupart des vertébrés sont dotés d'une oreille et d'un tympan, un système auditif relativement commun dans le règne animal. Elles perçoivent les ondes sonores par un orifice (l'oreille externe), le tympan vibre (oreille moyenne) et renvoie ainsi des vibrations jusqu'au nerf auditif (oreille interne) lui-même relié au cerveau qui décrypte l'information. Pourtant, des

La grenouille de Gardiner originaire des Seychelles est le premier animal terrestre jamais observé avec un système auditif buccal…

« How minute sooglossid frogs hear without a middle ear » par Jean-François Aubry et coll. ; *PNAS*, septembre 2013 ; DOI: 10.1073/pnas.1302218110 et *PLOS-One*, mars 2019 ; DOI: 10.1371/journal.pone.0213314

scientifiques ont découvert dans la faune des Seychelles un tout autre genre de batracien qui détonne par son originalité ; en effet, avec moins de 2 centimètres de longueur, la grenouille de Gardiner est l'un des plus petits animaux terrestres et elle n'a pas « la place » pour un tel appareil auditif. Les spécialistes l'avaient donc crue sourde… Jusqu'au travail d'une équipe de chercheurs français qui se sont dit que si elles croassaient, elles devaient forcément communiquer. Une technique de scanner particulièrement évoluée appelée « holotomographie par synchrotron à rayons X » a permis de créer une image en trois dimensions de l'intérieur de son corps et de révéler une incroyable astuce anatomique : la bouche fonctionne comme un amplificateur de fréquence hertzienne. Une membrane relie la bouche à une oreille interne qui elle-même retransmet le son au cerveau : en somme, la bouche sert de micro par conduction osseuse. Alors que d'autres scientifiques ont découvert en mars 2019 sur l'île de Madagascar cinq nouvelles grenouilles miniatures dont la plus petite est à peine plus longue qu'un grain de riz, on peut supposer qu'elles bénéficient de la même astuce évolutive pour entendre…

CE QU'IL FAUT EN RETENIR

Au cours de son évolution, cette grenouille a subi une exaptation de sa bouche, c'est-à-dire l'adaptation sélective de son organe afin qu'il remplisse de nouvelles tâches.

UNE BOUCHE PLUS LARGE QUE LE CORPS !

Peut-être connaissez-vous l'histoire pour enfants de la grenouille à la grande bouche ? Voici son équivalent sous-marin : l'histoire du poisson sarcastique *(Neoclinus blanchardi)*, le seul être vivant jamais décrit ayant une bouche plus grande que son corps ! Il vit dans les fonds marins le long des côtes californiennes à des profondeurs de 3 à 70 mètres. Sa bouche béante contient une double rangée de dents internes et externes destinée à impressionner le mâle concurrent. Il se nourrit de petits poulpes ou de crustacés qui se retrouvent dans sa cavité buccale comme dans une caverne…

La bouche du poisson sarcastique est si grande qu'elle peut contenir la moitié de la tête d'un mâle concurrent de même taille que lui… **Imaginez cela chez un humain !**

Un chercheur s'est intéressé à la manière dont ces étranges animaux pouvaient ouvrir si largement la bouche. Tout d'abord, mesurant 20 à 30 centimètres, leur tête est disproportionnée par rapport à leur corps. Ensuite, ils parviennent à allonger leur cavité buccale parce que leur mâchoire supérieure est extrêmement longue. Elle se creuse sur les côtés dès que notre ami ouvre la bouche. Les membranes de ses joues sont exceptionnellement souples et pendent à son cartilage telles les voiles d'un bateau. Enfin, ses lèvres étant fluorescentes aux ultraviolets, le contour ainsi dessiné souligne l'immensité de l'appendice dans les profondeurs obscures des côtes californiennes.

Le poisson sarcastique vit dans les coquilles de palourdes, mais n'hésitera pas à prendre une bouteille abandonnée ou, comme ci-contre, un tuyau en plastique pour maison.

« […] amplification of an extraordinary aggressive display in the Sarcastic Fringehead […] » par Watcharapong Hongjamrassilp et coll. ; *Journal of Morphology*, février 2018 ; DOI : 10.1002/jmor.20798

CE QU'IL FAUT EN RETENIR

À la surprise des chercheurs, la parade nuptiale du poisson sarcastique n'est pas liée à sa bouche : c'est le mâle qui secoue la tête avec la plus grande vigueur qui gagne le cœur de sa belle !

Le secret du gnou, ce sont ses muscles. 61,6 % de l'énergie utilisée par ces derniers est absorbée par les mouvements – un tiers seulement a été perdu sous forme de chaleur. Les chercheurs concluent que cette efficacité musculaire élevée est la raison pour laquelle ces animaux peuvent marcher aussi longtemps sans boire : avec moins de pertes de chaleur, il faut moins d'eau pour se rafraîchir.

LE SECRET DU GNOU POUR VOYAGER À PEU DE FRAIS

Les mammifères vivant dans les zones désertiques subissent plusieurs changements climatiques importants pendant une même saison. Le seul moyen d'y faire face est de se déplacer continuellement pour réussir à se nourrir. L'évolution est injuste dans la mesure où tous les animaux ne sont pas égaux dans leur aptitude à migrer, certains consommant plus d'énergie que d'autres pour une même distance. Les scientifiques appellent cela le « coût du transport ».

La plupart des animaux ont des muscles qui bénéficient en moyenne de 25 % d'efficacité énergétique… **contre presque 62 % pour le gnou bleu du Botswana.**

« Remarkable muscles, remarkable locomotion in desert-dwelling wildebeest » par Wilson AM. et coll. ; *Nature*, novembre 2018 ; DOI : 10.1038/s41586-018-0602-4

Une équipe de chercheurs de Grande-Bretagne et du Botswana se sont intéressés aux animaux terrestres parmi les plus endurants du règne animal : les gnous bleus (*Connochaetes taurinus*). Sur la période étudiée par les scientifiques, ils ont parcouru plus de 80 kilomètres pendant cinq jours sans jamais boire. Et plus étonnant encore, en pleine journée ! L'environnement était particulièrement chaud (40° en moyenne) et aride (15 % d'humidité). Leur objectif était de comprendre comment le gnou pouvait physiologiquement parvenir à une telle prouesse. Les chercheurs ont constaté que les tissus musculaires du gnou bleu étaient extrêmement efficaces.

Dans leur laboratoire londonien, ils ont émis des décharges électriques sur des prélèvements (par biopsie) et ont ainsi pu mesurer la quantité de chaleur dégagée. L'étude comparée de différents muscles de la patte antérieure a révélé que les vaches domestiques avaient un coût énergétique de 41 %, les souris de 34 % et les lapins de 27 %, alors que le gnou performe à plus de 61 % !

CE QU'IL FAUT EN RETENIR

Lorsqu'ils se déplacent, les animaux terrestres ont un coût énergétique 7,5 fois plus élevé que les animaux qui volent et 20 fois plus élevé que les animaux qui nagent.

POURQUOI LES TORTUES GÉANTES VIVENT-ELLES SI LONGTEMPS ?

Georges le solitaire, *el Solitario Jorge* en espagnol, est le nom donné à une célèbre tortue des Galapagos. Découvert au début des années 1970, ce mâle était le tout dernier représentant de sa branche. Il s'est éteint à environ 100 ans en 2012 (un record en captivité) sans aucune descendance malgré les efforts des scientifiques.

Georges le solitaire, une célèbre tortue des Galapagos, révèle aux chercheurs les secrets de sa surprenante longévité.

Mais revenons sur le terme « tortue géante des Galapagos ». Celui-ci regroupe plus d'une dizaine d'espèces différentes dont le patrimoine génétique est relativement proche. De plus en plus s'éteignent sous le regard des spécialistes.
L'espèce de Georges le solitaire est peut-être morte en même temps que lui en 2012, mais grâce à ses gènes, les chercheurs continuent de découvrir de précieux indices génétiques sur la longévité des vertébrés.
Adalgisa Caccone, biologiste de l'évolution à l'Université de Yale aux États-Unis, est parvenue avec son équipe à séquencer le génome complet de Georges le solitaire, dernier de l'espèce *Chelonoidis abingdonii*, afin d'étudier l'évolution de la population des tortues aux Galapagos. Son ADN a révélé qu'il possédait un certain nombre de variantes géniques liées à la réparation de l'ADN, à la réponse immunitaire et à la lutte contre le cancer, un mécanisme biologique inédit chez les vertébrés.

L'espérance de vie des tortues des Galapagos est longtemps restée un mystère sachant qu'elle pourrait atteindre plus de 150 ans en liberté.

« Giant tortoise genomes provide insights into longevity and age-related disease » par Carlos López-Otín et coll. ;
Nature, décembre 2018 ; DOI : 10.1038/s41559-018-0733-x

CE QU'IL FAUT EN RETENIR

La découverte de caractéristiques génétiques liées à la longévité des tortues géantes ouvre de nouvelles pistes de recherche sur le vieillissement de l'être humain.

Bengt Hansson, coauteur de cette découverte, avec l'un des rares spécimens de canari géant existant et jamais approché ou étudié par un humain.

LE PLUS GRAND CANARI DU MONDE

Au plus profond de la forêt tropicale de São Tomé, un curieux oiseau aux plumes brunes et au bec gris, semblable à un perroquet, vit dans la canopée sous les rayons du soleil. De temps à autre, une rapide incursion dans l'obscurité de la flore lui permet de manger quelques fruits. Cette forêt de São Tomé est pour le moins inaccessible, sur une petite île volcanique qui se trouve être l'un des endroits les plus humides de la planète.

On en sait très peu sur l'histoire naturelle de **cet oiseau énigmatique** en voie d'extinction critique…

« The endangered São Tomé Grosbeak Neospiza concolor is the world's largest canary » par Martim Melo et coll. ; *IBIS*, mars 2017 ; DOI : 10.1111/ibi.12466

Le voile a été levé par les scientifiques, il s'agirait du plus grand canari connu. Et, bien qu'il ne mesure qu'environ 20 centimètres de long, soit la taille d'un étourneau, le canari est un géant par rapport aux autres membres de son genre. On ne le trouve que sur São Tomé et vous aviez certainement déjà deviné qu'il est en danger critique d'extinction…

En 1888, Francisco Newton, un naturaliste portugais, a rassemblé les trois premiers spécimens. L'oiseau a ensuite disparu pendant cent ans. Sa taille, son étrange tête aplatie et son grand bec ont semé la confusion parmi les ornithologues qui l'avaient classé par erreur dans la famille des pinsons. Au cours de nombreuses années de travail de terrain sur l'île, le chercheur portugais Martim Melo de l'université de Porto a fini par trouver quatre nouveaux spécimens et confirmer son intuition. Son analyse génétique démontre sans aucun doute qu'il s'agit bien d'un canari géant !

CE QU'IL FAUT EN RETENIR

Le gigantisme insulaire dont a bénéficié ce canari est un phénomène évolutif par lequel la taille de certaines espèces augmente sur une île de façon spectaculaire en l'absence de prédateurs.

Lorsqu'il ne migre pas, *Phylloscopus trochilus yakutensis* alias « pouillot fitis de Sibérie » est un oiseau aussi vif qu'infatigable qui ne cesse de s'activer dans les arbres et les buissons à la recherche d'insectes.

© Kristaps Sokolovskis

RECORD DE MIGRATION « LONGUE DISTANCE »

Les pouillots fitis de Sibérie sont de gracieux petits oiseaux de la taille d'une mésange. Ils se reproduisent pendant l'été dans le nord-est de la Russie et partent à l'approche de l'automne vers l'Afrique. Des biologistes suédois de l'université de Lund en association avec des chercheurs russes ont réussi à obtenir un bon aperçu du parcours et de la distance parcourue par ces petits passereaux lors de leur migration automnale.

Le pouillot fitis, qui pèse moins de 10 grammes, détient un record de migration : **13 000 kilomètres** entre la Sibérie et le Kenya !

« Ten grams and 13,000 km on the wing – route choice in willow warblers Phylloscopus trochilus yakutensis […] » par Susanne Åkesson ;
Movement Ecology, avril 2018 ; DOI : 10.1186/s40462-018-0128-9

Les mesures ont été prises grâce à de petits enregistreurs de données attachés sur leur dos en été en Sibérie. Un an plus tard, les chercheurs ont téléchargé et traité les données. Et le résultat de leur étude a de quoi surprendre. Leur habitat de reproduction étant trop froid en hiver pour survivre, les pouillots fitis sont partis au Kenya et en Tanzanie, soit plus de 13 000 kilomètres ! Comment un si petit animal a-t-il pu évoluer pour migrer aussi loin ? Le « coût biologique » d'une telle migration n'est-il pas trop important ? Non, car selon les chercheurs, il ne peut qu'augmenter sa survie en se déplaçant, les insectes dont il se nourrit étant plus faciles à trouver quand il voyage que lorsqu'il reste sur le même territoire.

Une autre inconnue demeure : comment s'oriente-t-il ? Les scientifiques hésitent… soit l'oiseau mesure de manière innée son orientation cardinale par rapport à l'orientation du soleil, soit il perçoit l'angle d'inclinaison du champ magnétique terrestre. Avec un cerveau de la taille d'une bille, la performance ne peut qu'ébahir !

CE QU'IL FAUT EN RETENIR

Les scientifiques n'ont pas réussi à mesurer la distance totale parcourue, les piles de l'enregistreur de données étant épuisées bien avant l'animal !

CHAPITRE 6

MYSTÈRES RÉSOLUS

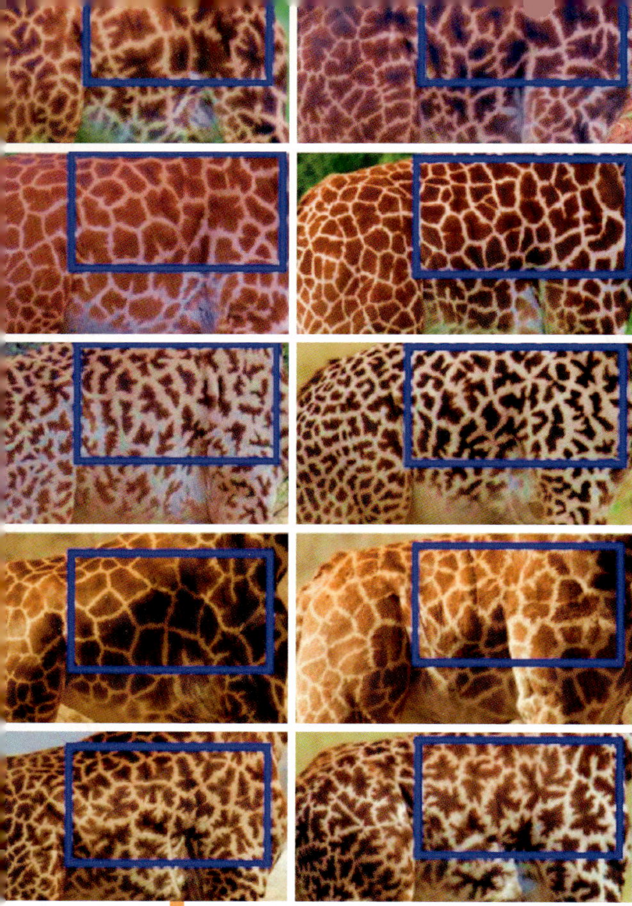

Les chercheurs ont utilisé l'intelligence artificielle pour extraire et modéliser 11 types de taches en décrivant leur forme, leur taille et leur couleur.

Malgré la répétition de ces motifs, chaque girafeau a un pelage complexe et unique.

© Derek Lee, Wild Nature Institute/Penn State

LE MYSTÈRE DES TACHES DES BÉBÉS GIRAFEAUX

Selon Derek Lee, rien n'est plus impressionnant que la faune d'Afrique de l'Est. La diversité et l'abondance de grands mammifères y sont frappantes. L'être humain *(Sapiens)* a passé dans cette région l'essentiel de son existence sur Terre puisqu'il y est apparu voilà 300 000 ans. C'est pourquoi y observer la faune et la flore revient à étudier l'environnement originel de l'homme moderne, à retrouver l'époque où nous vivions au sein de

Les chercheurs ont utilisé l'intelligence artificielle pour modéliser **11 types de dessins sur le pelage des girafeaux** et tenter de révéler leur sens caché.

« Seeing spots : quantifying mother-offspring similarity and assessing fitness consequences of coat pattern traits in a wild population of giraffes *(Giraffa camelopardalis)* » par Derek E. Lee et coll. ;

vastes troupeaux de mégaherbivores. Les girafes font partie de ce paysage paléontologique, mais sont pourtant bien vivantes, à portée d'étude.

Leur plus grand mystère réside dans le dessin complexe de leur pelage qui est hérité de leurs parents. Et pourtant, personne avant Derek Lee ne s'y était véritablement intéressé. La couleur de la peau de la girafe est uniformément gris foncé, bien que ses taches soient de forme et de teinte très variables. Certes, la structure des taches peut les aider à se camoufler des prédateurs dans un environnement jaune orangé. Mais elles sont si différentes d'un individu à l'autre qu'elles révèlent un sens évolutif bien plus complexe. Les chercheurs ont ainsi pu déterminer 11 catégories.

Les girafeaux nouveau-nés avec des taches plus grosses et de forme irrégulière avaient également une survie accrue au cours des premiers mois. En effet, un meilleur camouflage peut être lié à d'autres facteurs contribuant à la survie, telle que la régulation de la température ou la communication visuelle.

CE QU'IL FAUT EN RETENIR

Les scientifiques ignorent toujours le sens évolutif des taches héréditaires sur le pelage des girafes, mais surtout, pourquoi ces dessins complexes varient autant chez les animaux sauvages.

COMMENT SE FORMENT LES NOUVELLES ESPÈCES ?

La formation de nouvelles espèces à partir d'ancêtres communs – ce que les scientifiques appellent la « spéciation » – donne lieu à de nombreux débats depuis que Darwin a formulé ses théories. Peu d'expériences modernes ont permis à ce jour d'observer le phénomène dans ses nombreux aspects. Schématiquement, un groupe de mammifères sont séparés par une montagne ou une rivière. Cette distance favorise une vie distincte qui progressivement va donner des différenciations génétiques. Jusqu'au point de former deux espèces. Cependant, cette « spéciation » est plus compliquée.

La sélection naturelle **renforce les obstacles génétiques entre deux sous-espèces** en les empêchant de se reproduire.

D'autres paramètres peuvent intervenir pour la favoriser directement, et l'un d'eux est le renforcement. En effet, entre deux groupes sur le point de se différencier génétiquement se situe généralement une zone dite « hybride » où les animaux peuvent se rencontrer. Les lois de l'évolution favoriseraient les non-hybrides (ceux qui ne se sont pas mélangés) en diminuant leur fécondité, ce qui accélérerait la différenciation de chaque groupe.

Une étude de l'université du Michigan sur le métissage de deux espèces de singes hurleurs au Mexique a permis de prouver génétiquement l'existence de ces forces qui entraînent l'évolution de nouvelles espèces par renforcement. Les singes hurleurs à manteau et les singes hurleurs noirs ont divergé il y a environ 3 millions d'années. Ils vivaient séparément jusqu'à leur contact récent – vraisemblablement au cours des 10 000 dernières années – dans une zone hybride de plusieurs kilomètres dans le sud-est du Mexique. Cette hybridation a renforcé la différenciation génétique des singes à manteau et des singes noirs pour les empêcher de se reproduire.

Liliana Cortés-Ortiz de l'université du Michigan et ses collègues travaillent depuis deux décennies à l'analyse d'échantillons d'ADN dans la zone hybride de deux espèces de singes hurleurs au Mexique, « à manteau » ❶ et « noirs ».

❷ Le singe hybride issu des deux espèces.

© Milagros González

« Reduced Introgression of Sex Chromosome Markers in the Mexican Howler Monkey […] » par Liliana Cortés-Ortiz et coll. ;

CE QU'IL FAUT EN RETENIR

Les nouvelles espèces ne se créent pas par métissage continuel mais au contraire, par l'isolement des groupes.

LES RATS-TAUPES NUS SE TRANSFORMENT EN PLANTES

« **E**t si nous arrivions à recopier les mécanismes physiologiques du rat-taupe nu ? » C'est la question que se posent de plus en plus de biologistes de par le monde. Son incroyable longévité l'autorise à vivre des décennies de plus que les autres rongeurs. Il semble immunisé contre le cancer. À noter également, il n'a jamais mal ! Mais, plus surprenant encore, une équipe de chercheurs allemands et sud-africains vient de découvrir qu'il serait le seul mammifère terrestre capable de survivre sans oxygène. En effet, chez tous les autres mammifères étudiés jusqu'à ce jour, lorsque les cellules du cerveau sont privées d'oxygène, elles manquent d'énergie et meurent progressivement. Mais les rats-taupes nus ont une astuce : dans une telle situation d'asphyxie, leurs cellules cérébrales brûlent du fructose, ce qui

Lorsqu'ils sont privés d'oxygène, les rats-taupes nus **survivent en métabolisant le fructose**… comme les végétaux !

produit de l'énergie de manière « anaérobie » (sans oxygène externe) par une voie métabolique utilisée uniquement par les plantes. Ils entrent dans un état de « stase » qui ralentit considérablement leur pouls et leur rythme respiratoire afin de conserver le maximum d'énergie. Et ils utilisent du fructose jusqu'à ce que l'oxygène soit à nouveau disponible.

Malgré des niveaux d'oxygène suffisamment bas pour tuer un humain en quelques minutes, les rats-taupes nus peuvent survivre pendant au moins cinq heures ! Leur métabolisme inhabituel proviendrait d'une évolution leur permettant de vivre dans des terriers surpeuplés et privés d'air. Je vous invite à découvrir page suivante son cousin, le rat-taupe aveugle, dont les aptitudes n'impressionnent pas moins…

Les scientifiques ont également pu montrer que les rats-taupes nus sont protégés contre un autre aspect du manque d'oxygène chez les mammifères : l'accumulation de liquide dans les poumons (l'œdème pulmonaire). Un phénomène qui menace par exemple les alpinistes à haute altitude ou les personnes âgées.

« Fructose-driven glycolysis supports anoxia resistance in the naked mole-rat » par Thomas J. Park et coll. ;

CE QU'IL FAUT EN RETENIR

L'aptitude du rat-taupe nu à ne plus respirer pourrait inspirer des traitements révolutionnaires pour la médecine urgentiste qui n'a que quelques minutes pour réanimer un patient privé d'oxygène.

Le biologiste mexicain Francisco Alejandro Lagunas-Rangel a réuni dans une étude transversale les conclusions de nombreuses publications scientifiques sur la résistance au cancer du rat-taupe aveugle. *Spalax ehrenbergi*, de son véritable nom, se retrouve notamment en Syrie, au Liban, en Jordanie, en Israël et en Libye.

LE RAT-TAUPE AVEUGLE, L'ANIMAL QUI DÉFIE CANCER ET VIEILLISSEMENT

« Cancer-free aging : Insights from Spalax ehrenbergi superspecies » par Lagunas-Rangel FA. ; *Ageing Research Reviews*, novembre 2018 / DOI 10.1016/j. arr.2018.06.004

On peut être surpris de constater une augmentation constante du nombre de cancers dans les pays occidentaux, année après année. Ne nous avait-on pas affirmé que la lutte contre le « crabe » avançait, et que, de fait, notre espérance de vie augmentait ? Pourtant, la réalité biologique est contradictoire. En effet, l'accumulation de dommages cellulaires est

Le rat-taupe aveugle, bien que mortel, **semble échapper aux conséquences** physiologiques du vieillissement…

aussi symptomatique du vieillissement que du cancer. L'augmentation du premier est à la fois la cause et l'effet du second. En clair, plus on vieillit, plus on développe de cancers, puisqu'ils ont biologiquement les mêmes causes. Du moins, chez (pratiquement) tous les mammifères. Une famille de rongeurs, les *Spalax*, semble échapper à cette règle immuable. Non seulement leur espérance de vie dépasse de vingt années les autres rongeurs, mais en plus, leurs caractéristiques biologiques liées au vieillissement semblent inactives !

Les chercheurs ont découvert que les gènes qui gèrent la réparation de l'ADN, le cycle de vie et de mort cellulaire, sont régulés de manière différenciée chez les *Spalax* lorsqu'ils sont exposés à des niveaux normaux d'oxygène en surface (21 % d'oxygène) et à des conditions d'hypoxie (3 à 10 % d'oxygène). Et que, de fait, les adaptations évolutives qui aident ces rongeurs à survivre dans des environnements peu oxygénés joueraient un rôle essentiel dans leur longévité et leur résistance au cancer.

CE QU'IL FAUT EN RETENIR

Plus les mammifères vieillissent, plus ils ont de chances de développer un cancer…

COMMENT MANGER SANS SYSTÈME DIGESTIF ?

L'holothurie, plus communément appelée « concombre de mer », est un animal marin invertébré. Il est connu des biologistes en tant que « grand nettoyeur des mers », car il « filtre » les eaux peu profondes dont il se nourrit. Plus étonnant, pour se défendre, il possède un atout unique : il projette son système digestif à la face d'un éventuel agresseur ! Ses intestins sont de longs filaments collants appelés « tubes de Cuvier » : expulsés par l'anus, ils s'allongent de 20 à 30 fois leur taille initiale et deviennent collants telle la toile de Spiderman. Malgré son corps mou et sa lenteur, l'holothurie peut ainsi immobiliser rapidement des crabes, des étoiles de mer ou même des poissons ! Après expulsion, elle mettra de deux à cinq semaines pour régénérer ses tubes.

Le concombre de mer peut consommer des éléments nutritifs passant par son anus pour ne pas avoir à utiliser son système digestif…

Son anatomie est peu commune si l'on considère nos standards humains : le concombre de mer n'a ni branchies ni poumons… En revanche, son système respiratoire est directement connecté à son anus, à travers lequel il pompe de l'eau. Celle-ci s'écoule ensuite dans un réseau de tubes ramifiés appelé « arbre respiratoire » pour extraire l'oxygène contenu dans l'eau de mer.

Des chercheurs américains se sont intéressés plus particulièrement à l'holothurie, *Parastichopus californicus,* qui vit le long de la côte ouest des États-Unis. Comme beaucoup de ses congénères, il rejette ses filaments intestinaux lorsqu'il est stressé. Mais son arbre respiratoire absorbe bien plus que de l'oxygène : des composés organiques dissous. En somme, voici un animal capable de s'oxygéner… et de manger par l'anus dès lors qu'il n'a plus d'intestins !

Ci-contre : un concombre de mer. Selon les chercheurs, d'autres animaux restant à étudier auraient développé cette même alimentation anale « alternative » pour se nourrir sans intestin.

« The sea cucumber genome provides insights into morphological evolution and visceral regeneration » par Xiaojun Zhan et coll. ; *PLOS Biology*, avril 2017 ; DOI : 10.1371/journal. pbio .2003790
« The anus as a second mouth […] » par William. B. Jaeckle ;

CE QU'IL FAUT EN RETENIR

Les Polynésiens enroulent autour de leurs pieds les filaments intestinaux rejetés par les concombres de mer pour marcher sur les récifs de corail.

LE MYSTÈRE DE L'OISEAU QUI NE SAVAIT PAS VOLER

L'histoire du « plus petit oiseau de la planète incapable de voler » commence sur une île inhospitalière et isolée située au milieu de l'océan Atlantique sud. Ce bout de terre est baptisé à juste titre « Inaccessible Island ». À plus de 2 500 kilomètres de n'importe quel continent, elle appartient à l'archipel Tristan da Cunha dans l'Atlantique Sud. Et elle est inhabitée… voire inhabitable ! Du moins, par les humains. On y trouve tout de même quelques animaux, mais strictement aucun mammifère terrestre, reptile, amphibien ou papillon ! Parmi les heureux élus, le râle atlantis *(Atlantisia rogersi)*, un oiseau chétif. Depuis près de cent ans, les spécialistes débattent d'une question aussi essentielle que l'existence multidimensionnelle du chat de Schrödinger : mais comment diable a-t-il fait pour atterrir ici ?

Comment un petit oiseau incapable de voler s'est mystérieusement retrouvé **sur une île au beau milieu de l'océan ?**

En 1923, ses découvreurs imaginaient un pont terrestre désormais disparu. En 2018, une équipe de scientifiques provenant de trois continents a enfin élucidé le mystère grâce au séquençage ADN. Le râle atlantis est très probablement originaire d'Amérique du Sud où réside actuellement – à plus de 3 500 kilomètres – son plus proche parent, la marouette maillée. En comparant les ADN de chacun, ils ont pu déduire sa migration sur l'île il y a environ 1,5 million d'années… en volant avec des ailes solides ! Il y a trouvé un endroit exempt de prédateurs et une nourriture abondante. Comme les râles atlantis n'avaient plus besoin d'ailes pour survivre, ils ont fini par perdre leur aptitude à voler. Fin du mystère !

Pesant de 34 à 50 grammes et d'une longueur de 13 à 15,5 centimètres, le râle atlantis ne vit que sur l'île inaccessible et nulle part ailleurs. Cette île de seulement 12 kilomètres carrés est bordée de falaises abruptes et de quelques plages rocheuses. Elle est aussi isolée que peu attrayante. Ci-contre, le chercheur Martin Stervander sympathise avec l'objet de son étude…

© Martim Melo

« The origin of the world's smallest flightless bird, the Inaccessible Island Rail Atlantisia rogersi *(Aves : Rallidae)*. » par Martim Melo et coll. ; *Molecular Phylogenetics and Evolution*, janvier 2019 ; DOI : 10.1016/j.ympev.2018.10.007

CE QU'IL FAUT EN RETENIR

De nombreuses espèces d'oiseaux insulaires ont perdu leur faculté de voler au fil du temps en l'absence de prédateurs. L'arrivée récente de chats ou de rongeurs les a décimés en quelques années seulement.

Durant l'été 2018, ce jeune phoque moine a été retrouvé avec une anguille bloquée dans la narine sur le « banc de sable de la Frégate française » dans le nord-ouest des îles Hawaï...

© NOAA Fisheries/Brittany Dolan

UNE ANGUILLE DANS LE NEZ : LA CRISE D'ADO DU PHOQUE

« [...] How does an eel end up in the nose of a seal? »
Note du « National Oceanic and Atmospheric Administration », décembre 2018.

La découverte que je vous présente détonne par rapport aux 119 autres présentées dans cet ouvrage. En effet, bien qu'elle soit authentique et provienne de chercheurs sérieux, elle n'a pas encore fait l'objet d'une publication scientifique. Mais pouvais-je vous priver d'un tel objet d'étonnement ?

L'affaire concerne les phoques moines hawaïens, une espèce en voie de disparition. Étudiés depuis quarante ans, les chercheurs constatent depuis

Les jeunes phoques moines hawaïens s'introduiraient volontairement des anguilles dans les naseaux par jeu d'imitation... au risque de s'étouffer !

peu chez certains spécimens « juvéniles » une attitude rare que vous pourrez observer sur la photo ci-contre : ils arborent une anguille coincée au fond de leur narine.
Les scientifiques sont circonspects : pourquoi et comment cela arrive-t-il ? Les phoques moines hawaïens se nourrissent en enfonçant leur tête dans les crevasses des récifs coralliens, sous les rochers ou dans le sable. Ils cherchent des proies qui aiment se cacher, comme les anguilles. Pourrait-il donc s'agir d'une anguille acculée qui tente de s'échapper ? Ou sinon, le phoque aurait pu avaler l'anguille et mal la régurgiter… Cependant, la contraction musculaire des naseaux de l'animal empêche normalement toute intrusion involontaire. Et sa physiologie ne permet pas non plus de telle régurgitation. Comme le phénomène n'a touché à présent que de jeunes phoques, l'hypothèse la plus probable serait que cela n'a aucun autre but que l'amusement par imitation : certains humains se mettent des piercings, les phoques moines hawaïens s'enfoncent des anguilles !

CE QU'IL FAUT EN RETENIR

L'anguille gêne la respiration du jeune phoque dont l'espèce est en voie de disparition, ce qui oblige les chercheurs à intervenir à chaque fois !

QUAND LES DAUPHINS SAUVAGES APPRENNENT LE *MOONWALK*

Billie est un dauphin qui a trempé son aileron dorsal dans beaucoup de delphinariums. Pour amuser le public, ses dresseurs lui ont notamment appris à marcher sur l'eau avec sa queue… en marche arrière ! Il fut incontestablement le seul animal connu à maîtriser cet incroyable mouvement. Après des milliers de spectacles, tel un patineur d'*Holiday On Ice* trop âgé, on lui rendit sa liberté.
Quelques années plus tard, des marins médusés observèrent le *moonwalk* de Billie pratiqué par des groupes de dauphins sauvages.

Des dauphins sauvages **ont appris à marcher sur l'eau** en plagiant les astuces développées par un animal de parc aquatique.

Si Billie était le seul dauphin à avoir effectué ce tour, il n'aurait été qu'un exemple intéressant d'apprentissage social individuel. Mais selon les chercheurs, cette attitude relèverait d'un véritable comportement culturel. Celui-ci se définit par le fait que des individus puissent apprendre un comportement par leur groupe social et le propager ensuite à leur communauté. Chez les dauphins, il peut s'agir de stratégies de recherche de nourriture qui sont transmises de génération en génération. Ou d'engouements plus ponctuels qui disparaissent aussi vite qu'ils sont apparus !
Les premiers résultats de l'étude ont été rapportés en 2008. Et en 2011, neuf cas avaient été observés. En 2018, l'engouement retombe un peu puisque le nombre de dauphins « marcheurs » n'a laissé que deux adeptes pour perpétuer cette curieuse danse… À moins que la mode ne revienne bientôt ?

Des scientifiques australiens ont observé dans une communauté de grands dauphins de l'Indo-Pacifique (*Tursiops aduncus*) que certains spécimens avaient appris à se lever hors de l'eau, à maintenir leur position verticale et à reculer en pompant vigoureusement avec leur queue.

« Tail walking in a bottlenose dolphin community […] » par L. Rendell et coll. ;

CE QU'IL FAUT EN RETENIR

Le *moonwalk* des dauphins a été dépisté au moyen de milliers d'heures d'observation par des volontaires et sa propagation suggère une fonction sociale de « copie » chez cet animal.

À QUOI SERVENT LES RAYURES ?

La plupart des communautés autochtones où les membres peignent leur corps vivent dans des zones où abondent les taons, les moustiques et les mouches tsé-tsé, ces insectes qui transmettent nombre de bactéries, parasites et autres agents pathogènes. Et il semblerait que la seule arme pour lutter contre eux soit de se maquiller. Des biologistes ont ainsi démontré que la peinture corporelle offrait une protection particulièrement efficace contre les insectes. Ainsi, un modèle humain en plastique brun attirait dix fois plus de mouches qu'un modèle sombre peint avec des rayures blanches. Les chercheurs ont confirmé ce phénomène avec un mannequin en plastique beige qui attirait deux fois plus de sangsues que celui avec des rayures…

Les couleurs sur le pelage des animaux et les peintures tribales ont le même usage : **protéger la peau des piqûres d'insectes !**

Selon Susanne Åkesson, professeure de biologie de l'université de Lund en Suède, la tradition de la peinture sur corps pourrait s'être développée simultanément sur différents continents pour cette raison, bien avant tout aspect culturel. La peinture corporelle aurait même commencé bien avant que les humains ne commencent à porter des vêtements. Certaines découvertes archéologiques sur les murs des grottes où vivaient les Néandertaliens montrent de tels dessins peints sur le corps des humains, avec des pigments minéraux tels que l'ocre. La peinture corporelle serait ainsi le tout premier exemple de biomimétisme entre humains et animaux.

Lors d'expériences menées en Hongrie, les chercheurs ont peint trois modèles humains en plastique : l'un noir, le deuxième noir à rayures pâles et le troisième beige. Ils ont ensuite recouvert les trois modèles d'une couche de colle à insectes. Le modèle sombre a attiré dix fois plus de taons que le modèle à rayures et le modèle beige en a attiré deux fois plus que le modèle à rayures.

« Striped bodypainting protects against horseflies » par Gábor Horváth et coll. ;

CE QU'IL FAUT EN RETENIR

Cette même équipe de recherche avait précédemment observé que les rayures du zèbre agissaient comme une protection contre les taons.

Les anguilles jardinières habitent dans les eaux les plus chaudes des océans (Indien, Pacifique et Atlantique notamment) jusqu'à 200 mètres de profondeur. Plus leur habitat est profond, plus la surface du « jardin » est importante.

UN JARDIN D'ANGUILLES

Telles des plantes, les anguilles jardinières (familles des hétérocongres) passent l'essentiel de leur vie « vissées » verticalement au fond de la mer. Elles offrent aux plongeurs les plus discrets un paysage digne d'un film de science-fiction, des corps qui ondulent et semblent mystérieusement attachés au sable. En effet, ces poissons longs et minces (environ 40 cm de longueur pour 15 mm de diamètre) ont la particularité de vivre à demi enfouis dans des pentes sableuses, enduits de mucus sécrété par l'épiderme de l'animal. Ils sont solidement ancrés et ne sortent jamais complètement de leur

Les poissons utilisent **beaucoup d'énergie pour rester immobiles**... – à l'exception des anguilles jardinières. Comment font-elles ?

« [...] feeding on drifting zooplankton in garden eels » par Alexandra Khrizman et coll. ; *Journal of Experimental Biology*, juillet 2018 ; DOI : 10.1242/jeb.179523

trou, même pour se reproduire. À la moindre présence suspecte, les anguilles se réfugient entièrement dans leur terrier, ne laissant plus rien dépasser de la surface. Alexandra Khrizman et ses collègues des universités de Jérusalem et de Tel-Aviv ont fait plus d'une centaine de plongées. Pour parvenir à filmer ces poissons tubicoles, ils ont planté des caméras parmi eux. L'idée étant de déterminer comment ils contrôlent les courants marins, mais surtout, comment une position aussi stationnaire permet de se nourrir et de ne pas dépenser trop d'énergie. À l'aide d'observations visuelles, de prélèvements et de captation en trois dimensions, les scientifiques ont mesuré leur taux d'alimentation et modélisé les postures. Leur conclusion est que les anguilles jardinières contiennent sans effort les forces de traînée lorsque les courants sont élevés, tout en gardant la tête bien au-dessus du fond pour se nourrir efficacement du zooplancton. Contrairement aux poissons qui nagent librement, l'anguille ne lutte pas contre le courant grâce à cette posture dynamique ressemblant à un point d'interrogation. Et finalement, plus le courant s'agite, plus le plancton l'entoure et lui livre de la nourriture « à domicile » !

CE QU'IL FAUT EN RETENIR

Les jeunes anguilles créent leur terrier à la périphérie de celui où elles sont nées, de sorte que le jardin s'agrandit sans cesse…

LE SON DES AILES

D'une manière générale, l'oiseau babille, chante, gazouille, jabote, piaille, piaule ou ramage. D'une manière générale seulement, car de rares espèces s'accompagnent d'une drôle de guitare… leurs ailes ! Créant ainsi un chant mélodieux qui associe vocalisation et battement de plumes. Ces dernières émettent ce que les chercheurs appellent un « breeeet ».
L'ornithologue Richard Prum est passionné depuis plusieurs décennies par ce son hypnotisant et ce comportement inexpliqué tant techniquement qu'au regard de l'évolution. Avec l'aide de ses collègues de l'université de Yale, il a décidé d'étudier une bonne fois pour toutes le phénomène grâce à l'Eurylaime du Cap, une espèce de passereau vivant en Afrique de l'Est dans la forêt de Tanzanie – l'un des spécimens parmi les plus doués de la planète en chant d'ailes.

Certains oiseaux mâles chantent avec leurs ailes… **Ce son rare baptisé « breeeet »** fascine les scientifiques.

Après avoir subtilisé quelques plumes à l'un de ces oiseaux mâles et les avoir soumis à une soufflerie en laboratoire, il constata que seules les plumes n°6 et n°7 des ailes produisaient le fameux « breeeet » ! Il enleva à d'autres ces deux mêmes plumes, et les passereaux se retrouvèrent silencieux malgré eux (les ailes repoussent au bout de quelques semaines, rassurez-vous !). Mais s'il a pu expliquer le comment, reste à connaître le pourquoi… À cette question, on ne peut répondre que par une hypothèse. La sienne est qu'il s'agit d'une parade de séduction qui vient compléter le chant ; les femelles étant attirées par l'innovation sonore…

Le chant des ailes de l'Eurylaime à flancs roux *(Smithornis rufolateralis)* est produit par un flottement aéro-élastique de deux plumes. On retrouve ce même mouvement sur les ponts lorsque le tablier, suspendu par des câbles flexibles, tremble. Page ci-contre, des photos en noir et blanc extraites d'une vidéo réalisée pour l'expérience.

« Mystery of broadbills' wing song revealed » par Kathryn Knight ;

CE QU'IL FAUT EN RETENIR

L'« innovation esthétique sonore » pourrait être un facteur clé dans l'évolution des parades nuptiales de cet oiseau, le poussant à produire des sons originaux.

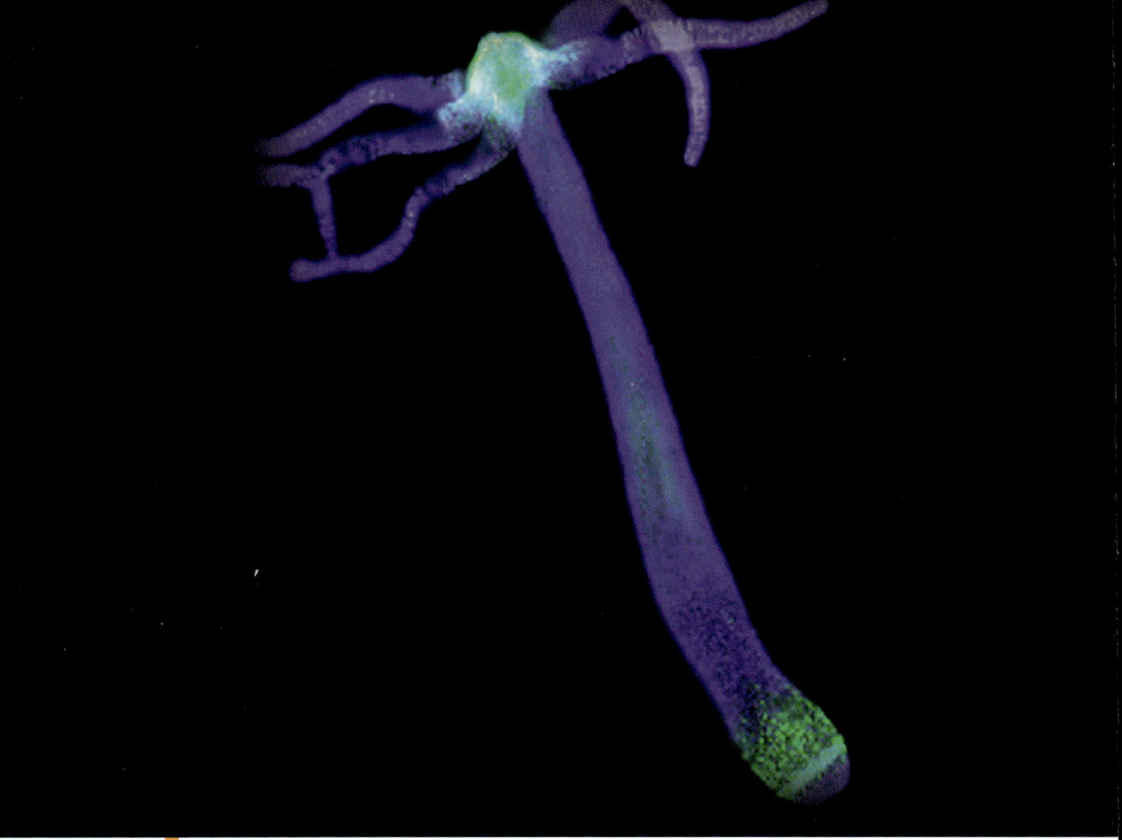

LE SECRET DE L'HYDRE D'EAU DOUCE

Souvent considérée – à tort – comme immortelle, l'hydre d'eau douce est dotée d'un pouvoir de régénération prodigieux. N'importe quel fragment du corps peut régénérer l'animal entier qui mesure près d'un centimètre. Certaines espèces d'hydres se reproduisent par bourgeonnement sur une branche, tel un végétal. Puis, ce qui n'est au début qu'une excroissance finit

On sait comment l'hydre d'eau douce parvient à **régénérer n'importe quelle partie de son corps…** tout en se limitant à une seule tête !

« An evolutionarily-conserved Wnt3/-catenin/Sp5 feedback loop restricts head organizer activity in Hydra »
Paru dans *Nature Communications* le 10 janvier 2019 par Brigitte Caillot et coll. ; DOI : 10.1038/s41467-018-08242-2

À gauche, hydre « normale » dont le gène Sp5 s'exprime normalement : l'animal n'a qu'une seule tête. À droite, hydre dont l'expression du gène Sp5 est réduite : l'animal a plusieurs têtes.

© Vogg et al. Nature Communications 2019

par se détacher lorsque l'individu est complet. Et si l'on sectionne sa tête ? Elle se régénère – mais toujours en un seul exemplaire… « Comment se fait-il que l'animal n'ait pas d'excroissances arborées avec plusieurs têtes » se sont demandés des scientifiques de l'Université de Genève (UNIGE) ? Le petit polype possède un centre organisateur de développement situé vers la tête, et un autre localisé dans le pied. L'organisateur de tête exerce deux activités opposées, dont l'une d'elles est dite « activatrice ». Baptisée Wnt3, ce facteur de croissance lance un programme de différenciation cellulaire en trois dimensions qui permet la construction d'une tête. L'autre, inhibitrice, prévient la formation de têtes surnuméraires grâce à la protéine Sp5 découverte récemment par des chercheurs suisses. Fait passionnant, chez l'humain, la Wnt3 est surtout active durant le développement embryonnaire… et dans différents types de tumeurs chez l'adulte. La protéine Sp5 de l'hydre offrirait ainsi une possible voie de traitement miracle pour inhiber certains cancers.

CE QU'IL FAUT EN RETENIR

Ce mécanisme de développement corporel a été conservé au cours de l'évolution, tant chez l'hydre que chez l'humain, la protéine Sp5 pourrait ainsi inhiber certaines tumeurs humaines…

LE MYSTÉRIEUX CASQUE DU CASOAR

Ce casque a suscité curiosités et spéculations pendant près de deux siècles ! Les experts en matière d'animaux ont proposé diverses théories pour expliquer sa présence sur la tête du casoar, notamment qu'il s'agissait d'une arme protectrice utilisée pour combattre d'autres animaux ou d'un moyen d'attirer le sexe opposé, mais aucune n'a convaincu la communauté scientifique. La biologiste australienne Danielle Eastick est parvenue à démontrer que la structure crânienne agissait comme un radiateur ou une « fenêtre thermique » pour aider cet immense oiseau à rester au frais par temps chaud alors qu'il est incapable de voler.

Tout comme les humains transpirent et les chiens halètent par temps chaud, l'emblématique oiseau australien **régule la chaleur par son casque.**

En utilisant un appareil d'imagerie thermique portable, la scientifique a suivi la température corporelle de 20 casoars en captivité dans différentes conditions météorologiques. Les résultats ont permis de démontrer que le casque émettait une chaleur minimale lorsqu'il faisait 5°C et une chaleur élevée lorsque le mercure atteignait 36° C. En tant que créature au corps sombre et au plumage foncé, originaire du nord du Queensland et de la Papouasie-Nouvelle-Guinée, le casoar était confronté à un problème thermique dû aux écarts de températures. Plus la température ambiante est élevée, plus ils dégagent de la chaleur par cet appendice.

Le casoar à casque est un très grand oiseau mesurant jusqu'à 1,80 m et pesant jusqu'à 75 kg.

CE QU'IL FAUT EN RETENIR

L'explication de la « fenêtre thermique » du casoar offre également un aperçu de la physiologie des dinosaures et de la manière dont ceux-ci régulaient leur température corporelle.

LA SCIENCE DU SAUT DE GRENOUILLE

Les grenouilles ont la capacité de sauter plus de vingt fois la taille de leur corps. Selon leur environnement (arboricole, aquatique ou terrien), certaines espèces accompagnent cette extraordinaire puissance d'une précision à l'arrivée digne d'un faisceau laser. Comment est-ce possible ? Quels enseignements pourrait-on tirer d'une aptitude qui, si elle était transposée chez les humains, nous placerait à la hauteur d'un superhéros Marvel ? Le chercheur britannique Chris Richards a voulu modéliser informatiquement, et tester scientifiquement, toutes les configurations possibles du saut de grenouille.

Quand des scientifiques tentent de **comprendre la puissance et la précision** d'un saut de grenouille…

La clé de voûte d'une telle mécanique est l'articulation sacro-iliaque. C'est l'articulation du sacrum, la base de la colonne vertébrale chez les vertébrés. Pour les humains, deux os iliaques (à droite et à gauche du sacrum) servent ainsi d'articulations pour bouger le bassin. En revanche, chez les grenouilles, l'articulation sacro-iliaque ressemble à une charnière ou à une bascule de catapulte. Les longues jambes du batracien associées à un corps rigide s'alignent telle une flèche pour fendre l'air.

Le chercheur du Royal Veterinary College a filmé ce saut à l'aide d'une caméra à grande vitesse. Et à sa grande surprise, l'articulation sacro-iliaque ne servait pas à la puissance du saut, mais à la précision de l'atterrissage. La force est délivrée par les seuls muscles des pattes. Il conclut que ces animaux ont d'abord su sauter et que ce n'est qu'au cours de l'évolution que cette charnière s'est développée pour permettre de mieux doser la trajectoire de la chute.

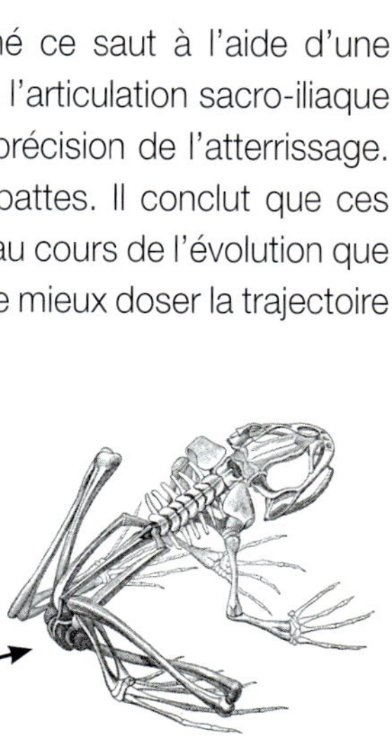

L'articulation sacro-iliaque se déploie comme une bascule de catapulte.

« The dynamic role of the ilio-sacral joint in jumping frogs » par Christopher T. Richards et coll. ; *Biology Letters*, septembre 2018 · DOI : 10.1098/rsbl.2018.0367

CE QU'IL FAUT EN RETENIR

Reproduire mécaniquement la dynamique du saut de grenouille permettrait de concevoir des prothèses et des exosquelettes de bras ou de jambes très puissants.

CHAPITRE 7

CURIOSITÉS ANIMALES

LE REQUIN QUI AIMAIT LES CRUDITÉS

En mesurant moins d'un mètre, le requin-taupe est l'un des plus petits existants. Son habitat se retrouve sur les littoraux est et ouest des États-Unis. Comme il est particulièrement friand des calmars et des crustacés, la surprise fut d'autant plus grande lorsque des chercheurs constatèrent qu'il se nourrissait également des herbiers, ces prairies sous-marines constituées de plantes et de fleurs qui jonchent densément le littoral. Il semblait manger des algues comme accompagnement de ses crustacés. Le plus étonnant restant que son estomac possède la physiologie et le fonctionnement de celui d'un carnivore…

Pour la première fois, un requin a été observé **en train de digérer des végétaux.**

Des chercheurs de l'université John Irvine en Californie se sont donc demandé s'il digérait ces aliments. L'observation s'est déroulée chez des requins en captivité nourris avec des algues marquées par une enzyme offrant aux scientifiques un indice de « digestibilité ». Résultat de l'étude : ces petits mammifères marins ont une alimentation végétale à plus de 60 % et sont capables de digérer environ 50 % des herbes marines ingérées.

Cette découverte n'a pas que des conséquences sur la physiologie des carnivores, elle a également des implications écologiques, les herbiers étant l'une des clés de l'écosystème du littoral américain. De plus, la capacité d'un carnivore à produire des enzymes pour digérer les végétaux invite les biologistes à réétudier certaines classifications animales…

Les requins ont été étudiés en captivité. Samantha Leigh, principale auteure de l'étude, les nourrissait avec des bouquets d'herbier entourés de calmars… Des sushis pour requins en quelque sorte !

« Seagrass digestion by a notorious 'carnivore' » par Samantha C. Leigh et coll. ;

CE QU'IL FAUT EN RETENIR

Cette découverte pourrait changer la façon dont nous classons l'alimentation des animaux en démontrant que ce qu'un animal consomme et ce qu'il assimile pour des besoins énergétiques diffèrent parfois…

Des recherches antérieures avaient seulement évalué les effets immédiats de l'exercice paternel alors que cette étude démontre le fait que son impact peut être maintenu chez la souris pendant toute l'existence de la génération suivante, et non simplement à la naissance.

LE BÉNÉFICE DU SPORT EN HÉRITAGE

Vos efforts pour avoir une vie saine, une alimentation équilibrée et une activité sportive régulière pourraient se transmettre à vos enfants – génétiquement. Non pas l'aptitude à mener cette vie, mais bien le bénéfice physique en lui-même. Étonnant, n'est-ce pas ? Une étude l'a démontré sur des souris. Et, bien que de tels résultats ne soient pas avérés scientifiquement chez des humains, ils confortent l'importance du phénomène.

Des souris mâles qui reçoivent un entraînement physique régulier génèrent **une descendance avec une physiologie plus saine.**

« Paternal Exercise Improves Glucose Metabolism in Adult Offspring » par Kristin I. Stanford et coll. ; *Diabetes*, octobre 2018 ; DOI : 10.2337/db18-0667

Les scientifiques savaient déjà depuis longtemps que le mauvais exercice ou les mauvaises habitudes alimentaires d'un parent pouvaient affecter un enfant. Les mères obèses pendant la grossesse, par exemple, mettent au monde des enfants plus susceptibles d'être obèses à l'âge adulte. La physiologiste Kristin Stanford du Collège de médecine de l'Ohio aux États-Unis et ses collègues ont voulu vérifier que l'inverse était également vrai. Pour y arriver, ils ont nourri des souris mâles avec un régime alimentaire riche en graisses pendant trois semaines. Parmi elles, un premier groupe avait accès à des roues et courait près de 6 kilomètres par jour, alors que l'autre groupe restait physiquement inactif.

Kristin Stanford a ensuite suivi leur descendance jusqu'à un an, l'âge adulte pour une souris : la descendance des coureurs a montré une meilleure réponse aux augmentations de la glycémie et à la baisse du taux d'insuline, des aptitudes caractéristiques d'un métabolisme sain.

CE QU'IL FAUT EN RETENIR

L'étude laisse espérer que les hommes faisant du sport auraient des enfants capables de mieux résister aux conséquences d'un régime riche en graisses… comme s'ils avaient fait du sport !

GRANDS SINGES ET CORBEAUX : INTELLIGENTS SANS RÉFLÉCHIR ?

Dans le domaine de l'intelligence artificielle, certains modèles algorithmiques d'apprentissage peuvent apprendre à jouer « seuls » à des jeux de société et par la suite être capables de battre des joueurs humains. Des chercheurs de l'université de Stockholm ont constaté que ces modèles informatiques *(deep learning)* étaient ignorés dans l'étude de la cognition animale, alors que de nombreux parallèles pourraient être établis entre l'apprentissage d'une machine et l'apprentissage des organismes dans la nature. C'est ainsi qu'ils ont eu l'idée d'utiliser des modèles de *deep learning* récemment développés pour établir comment les corbeaux et certains grands singes manifestaient « la maîtrise de soi » et la capacité de planifier une tâche. Par exemple, lorsque dans le cadre d'expériences, ils se montrent capables d'ignorer de petites récompenses alimentaires immédiates pour choisir un outil qui ne pourra être utilisé qu'après un long délai. Après cette attente, l'outil leur permet d'acquérir une récompense alimentaire bien plus importante.

La planification d'une tâche ou la maîtrise de soi ne nécessitent pas de capacités mentales sophistiquées chez les animaux.

Or, selon le biologiste suédois Johan Lind, ces comportements de planification et de maîtrise de soi peuvent se manifester grâce à un « apprentissage associatif », en l'occurrence un conditionnement par association de stimuli et de réponses types. Des simulations ont ainsi démontré qu'un ordinateur pouvait apprendre à planifier, comme les animaux, par automatisme, en l'absence de tout raisonnement.

Selon le biologiste suédois Johan Lind, les mécanismes de planification répondent à des automatismes simples et non à des structures cognitives complexes comme chez les humains.

« What can associative learning do for planning ? » par Johan Lind. ;

CE QU'IL FAUT EN RETENIR

Il a été scientifiquement établi depuis de nombreuses années que certaines espèces de corbeaux peuvent mieux planifier une tâche que des enfants de 4 ans.

Le sable humide issu de la rosée semble être une source d'eau majeure pour les diables cornus.

BOIRE COMME UN PIED

Voici un bien curieux lézard que ce diable cornu – également appelé « Moloch hérissé » – qui vit dans les déserts les plus arides d'Australie. Sa bouche est spécialisée dans l'absorption de fourmis, dont il se nourrit exclusivement. De fait, il est physiologiquement difficile pour lui de s'hydrater avec sa cavité buccale. Mais alors, comment fait-il ? Philipp Comanns et son équipe de l'université RWTH Aachen en Allemagne ont examiné six diables cornus dans leur laboratoire afin de déterminer comment ils pompaient leur eau.

Le diable cornu d'Australie est l'une des rares espèces animales à boire avec sa peau et plus particulièrement avec ses pieds.

« Passive water collection with the integument [...] » par Philipp Comanns. ; *Journal of Experimental Biology*, mai 2018 ; DOI : 10.1242/jeb.153130
« Cutaneous water collection by [...] the thorny devil (Moloch horridus) » par Philipp Comanns. ;

Le résultat de son étude est fascinant. Il s'est avéré que la peau du Moloch hérissé est recouverte entre les écailles de rainures microscopiques qui se chevauchent, créant ainsi un étonnant réseau de pailles. Celles-ci lui permettent d'absorber de l'eau depuis n'importe quelle partie du corps (prioritairement par les pieds) par capillarité. Par ce mécanisme, l'eau est puisée par un canal sous-cutané dans n'importe quelle position, même à contre-courant de la gravité… puis conduite jusqu'à l'intérieur de sa bouche, comme s'il avait bu !

Pourquoi a-t-il évolué ainsi ? La rosée se forme naturellement dans les déserts lorsque la température baisse le soir. Cependant, l'équipe de scientifiques a constaté que la condensation naturelle ou la rosée du matin qui se formait sur le corps des lézards ne pouvait pas leur fournir assez d'eau pour boire. C'est ainsi que ce phénomène évolutif aurait rendu leur peau « superhydrophile », prête à absorber le plus efficacement possible l'eau du sable humide.

CE QU'IL FAUT EN RETENIR

Comprendre le mécanisme d'hydratation chez les diables cornus pourrait inspirer des technologies innovantes pour collecter l'eau contenue dans le sable des déserts.

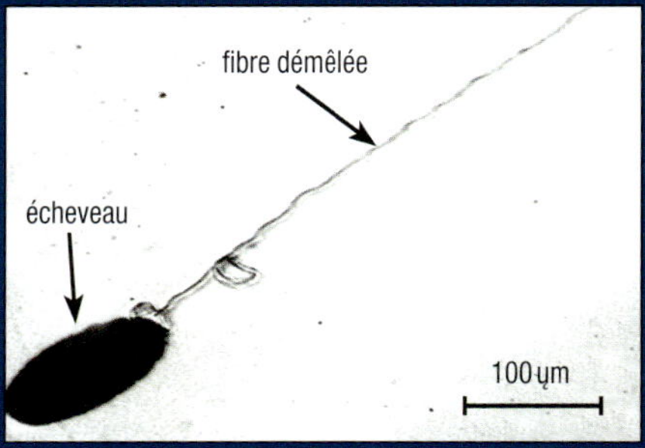

La myxine peut produire plusieurs fois le volume de son propre corps en mucus. Le gel est un réseau enchevêtré de fils microscopiques retenant l'eau de mer. Ces écheveaux d'une épaisseur de deux cheveux humains sont si étroitement enroulés qu'ils peuvent contenir jusqu'à 15 centimètres de fil.

Alors que le gel visqueux de myxine est solide, il est suffisamment souple pour prendre la forme de son récipient, ce qui le rend presque indétectable à l'œil nu dans l'eau. De plus, à poids égal, il est dix fois plus résistant que l'acier !

L'INCROYABLE EXPLOSION DE BAVE DE LA MYXINE

La myxine est un véritable fossile vivant… C'est le même curieux animal qui se dandine sous les yeux des scientifiques en 2019 que celui dont l'image s'est figée dans la roche il y a plus de 300 millions d'années. Le secret de la survie de ces mystérieuses créatures marines ressemblant à des anguilles réside peut-être dans leur moyen de défense. La bave gluante (ou mucus) qu'elles produisent pour repousser leurs prédateurs est d'une efficacité

En quelques centaines de millisecondes, **la myxine est capable d'immobiliser la bouche d'un requin** par son explosion de bave gluante.

« Unravelling hagfish slime » par Jean-Luc Thiffeault et coll. ; *Journal of the Royal Society Interface*, janvier 2019 ; DOI : 10.6084/m9.figshare.c.4356998

effrayante. La quantité de matière dégagée dans l'eau se démultiplie en un instant par 1000 pour produire un imposant gel visqueux. Un tel déploiement est particulièrement stupéfiant et demeure inédit dans le règne animal.

Les chercheurs expliquent qu'avant qu'il ne soit projeté, le fil de myxine qui constitue ce mucus est 100 fois plus fin qu'un cheveu humain. Et il est parfaitement plié en écheveau. Lorsqu'elle se déploie, la fibre organique passe ainsi en une fraction de seconde d'une taille d'environ 0,1 millimètre à une longueur de 10 centimètres…

Les scientifiques ont également découvert grâce à leur modélisation mathématique que la durée et le volume du démêlage étaient corrélés à la viscosité et à l'écoulement de l'eau environnante. En d'autres termes, si la boue était plongée dans une eau figée, sans aucun courant, elle ne pourrait se défaire. Mais l'objectif final des chercheurs n'est pas là. Il est de pouvoir fabriquer à terme un matériau biomimétique sur ce même principe, qui gonflerait dans l'eau et immobiliserait les objets environnants. L'US Navy s'y intéresse de près.

CE QU'IL FAUT EN RETENIR

Des applications de défense militaire seraient bientôt conçues en reproduisant l'incroyable jet gluant de la myxine.

ÉLOGE DE LA LENTEUR ANIMALE

Des animaux aussi petits que des musaraignes sont composés des mêmes éléments « mécaniques » que les éléphants, en l'occurrence des nerfs et des muscles. Des spécialistes de la physiologie animale ont voulu comprendre comment ces « blocs de construction » étaient configurés chez des mammifères de tailles différentes et dans quelle mesure cela limitait leurs performances. Pour y arriver, ils ont enregistré et comparé la vitesse du réflexe le plus rapide impliqué dans la locomotion des mammifères terrestres, en allant du plus petit au plus grand. Selon leurs conclusions, il n'est pas surprenant d'avoir constaté que les réflexes prennent beaucoup plus de temps chez les grands animaux. Ce qui les surprit fut que ces retards moteurs soient en grande partie compensés par des temps de déplacement plus courts : dans un même intervalle, l'éléphant peut aller 2 fois plus loin que la musaraigne, alors qu'il est mécaniquement 17 fois plus lent.

Il faut moins de temps à un satellite en orbite pour envoyer un signal à la Terre qu'à la colonne vertébrale d'un éléphant pour envoyer un signal à sa jambe !

Par ailleurs, le délai de conduction nerveuse du cerveau vers les membres est particulièrement long chez les grands animaux. En revanche, le temps nécessaire à une impulsion nerveuse pour traverser une synapse dans la moelle épinière est relativement long pour les petits animaux. Finalement, les géants ont suffisamment de temps pour réfléchir, alors que les petits n'en ont pas !

Heather More du laboratoire de locomotion animale de l'université Simon Fraser pose à côté d'un éléphant sujet de ses expériences. Avec ses collègues, elle est parvenue à mesurer et à comparer la vitesse des réflexes de nombreux animaux vertébrés, du plus petit au plus grand.

« Scaling of sensorimotor delays in terrestrial mammals » par Heather More et coll. ; *Proceeding of the royal society B*, août 2018 ; DOI : 10.1098/rspb.2018.0613

CE QU'IL FAUT EN RETENIR

Plus un vertébré se déplace lentement, plus sa capacité de « réflexion » est rapide. Ainsi, les plus petits mammifères bougent vite, mais n'ont physiologiquement pas le temps de réfléchir en cas de danger !

Stéphanie Jenouvrier, biologiste et coauteure de l'étude, porte un manchot empereur âgé de 5 mois en vue de le marquer d'une étiquette connectée. Elle sélectionne les poussins les plus vifs, ceux qui offrent *a priori* les meilleures chances de survie.

PREMIER VOYAGE EN MER DES MANCHOTS EMPEREURS

Les poussins des manchots empereurs éclosent dans l'un des territoires les plus inhospitaliers de la planète, prisonniers du continent blanc, l'Antarctique. C'est indiscutablement la région où il fait le plus froid, le plus sec et le plus venteux sur la planète. C'est dire la rudesse des premiers mois du jeune manchot empereur. Son espèce ayant oublié comment voler – contrairement à son cousin le pingouin – il devra apprendre très vite à nager

Les jeunes manchots empereurs **apprennent seuls à nager** et à trouver de la nourriture.

« First odyssey beneath the sea ice of juvenile emperor penguins in East Antarctica » par Sara Labrousse et coll. ; *MEPS*, janvier 2019 ; DOI : 10.3354/meps12831

pour se déplacer rapidement et manger. Mais seul, sans l'aide de ses parents ! Pour la première fois, des scientifiques ont pu observer cette étape essentielle dans la vie de l'animal. Des étiquettes connectées ont retransmis par satellite les déplacements des manchots et les statistiques de plus de 62 000 plongées. Ils se sont d'abord déplacés très au nord pour atteindre des eaux plus chaudes. « C'est à ce moment-là qu'ils apprennent à nager. Quand ils vont dans l'eau, ils sont très maladroits et peu sûrs d'eux-mêmes », raconte amusée la biologiste Stéphanie Jenouvrier.

Une fois que les jeunes manchots empereurs auront acquis une plus grande expérience de la plongée, ils se dirigeront vers le sud, entreront dans la zone de glace de mer… où ils passeront la majeure partie de l'hiver à plonger sous la banquise ! Cette espèce est particulièrement vulnérable face au changement climatique, car son cycle de vie dépend de la glace de mer. Les manchots supporteront-ils la fonte de la banquise ?

CE QU'IL FAUT EN RETENIR

Dès qu'ils savent nager, les jeunes manchots empereurs partent à l'aventure pendant cinq ou six ans... puis reviennent à la colonie pour se reproduire.

LA QUEUE DU KANGOUROU

Le kangourou roux d'Australie est impressionnant ! Il est le plus grand de tous les marsupiaux vivants. Et on le retrouve à travers tout le continent océanique. Imaginez, les mâles mesurent jusqu'à 1,80 mètre pour environ 65 kg. Son espèce possède de nombreuses originalités évolutives en dehors de ses formidables sauts et de sa capacité à boxer. Saviez-vous que les femelles ont l'aptitude de suspendre la gestation d'un embryon pendant

Les kangourous roux d'Australie seraient **les seuls animaux pantapèdes** (à cinq pattes) ayant jamais existé sur Terre !

« The kangaroo's tail propels and powers pentapedal locomotion » par Shawn M. O'Connor et coll. *Biology Letters*, juillet 2014 ; DOI : 10.1098/rsbl.2014.0381

Bien que membre moteur, la queue du kangourou roux d'Australie est très différente d'une jambe, elle contient 20 vertèbres plutôt que de gros os. Les muscles y sont également beaucoup plus larges.

© Catharina Vendl

7 mois lorsque leur poche est occupée par un petit, le temps pour l'aîné de grandir avant de quitter sa maman? (La poche n'accueillant qu'un bébé à la fois!) Mais ce n'est pas tout. Selon Max Donelan de l'université Simon Fraser à Burnaby au Canada, il aurait une particularité extraordinaire qu'aucun autre animal vivant ne possède, et qui n'a jamais été observée non plus sur aucun fossile: il est pantapède (5 pattes) grâce à sa queue! Dans le cadre d'une expérience, le chercheur canadien a fait courir des kangourous dans une salle munie d'un plancher mesurant la force exercée par les membres moteurs. Puis, en associant cette mécanique corporelle à une vidéo de l'animal en mouvement, il a pu modéliser sa marche. Sa conclusion est que la pantapédie du kangourou roux *(Macropus rufus)* se caractérise par le fait que sa queue est plus puissante que l'ensemble de ses membres avant et arrière réunis. Et qu'elle délivre une force essentielle pour marcher. Ne cherchez plus le mouton à cinq pattes, en fait, c'est un kangourou!

CE QU'IL FAUT EN RETENIR

Les autres marsupiaux ne marchent pas avec 5 pattes, car contrairement au kangourou, ils se contentent de laisser traîner leur queue…

Ce « mutualisme » biologique est imbriqué au point d'empêcher le développement normal d'un jeune ver de Roscoff qui n'aurait pas avalé son algue.

© Nigel Franks

UNE MER DE SUPER VERS VERTS

Le ver marin *Symsagittifera roscoffensis*, parfois appelé « ver de Roscoff », est remarquable à plus d'un titre. Son corps plat et sa couleur verte ont attiré la curiosité des biologistes dès le XIXe siècle. Il vit principalement sur les rivages sablonneux au nord-est de l'Atlantique, où il se contente de prendre le soleil. Littéralement. Le ver de Roscoff ne se nourrit jamais. Telle une plante,

Le comportement social des vers avec les algues leur permet de **devenir « ensemble » un super-organisme.**

« Plant–animal worms round themselves up in circular mills on the beach » par Alan Worley et coll.
Royal Society Open Science, juillet 2018 ; DOI : 10.1098/rsos.180665
« Social behaviour and collective motion in plant-animal worms » par Nigel Franks et coll. ;

la lumière lui apporte son énergie. Sa couleur et sa nutrition, il les tient de l'algue *Tetraselmis convolutae* consommée dans son jeune âge et qui ne sera jamais digérée. Bien au contraire, elle s'installe définitivement dans ses tissus, tel un parasite, et lui apporte tous les nutriments dont il aura besoin sa vie durant grâce à la photosynthèse. Mais quelle est la contrepartie pour l'algue ? Selon les lois de l'évolution, il y a toujours un intérêt mutuel... Ce mystère a été résolu récemment. Nigel Franks de l'université de Bristol en Grande-Bretagne a étudié non pas le ver de Roscoff, mais les groupes de vers. Leurs mouvements coordonnés dessinent de magnifiques cercles qui attirent toujours plus d'individus, créant de la sorte un superorganisme. Ce superorganisme agit comme un bouclier contre les aléas de l'environnement. Ensemble, ils produisent du DMSP, un composé sulfuré qui empoisonne leurs prédateurs. Ensemble, ils parviennent à s'ancrer dans le sable quand la marée monte. Tous ensemble, ils deviennent une « algue sociale ».

CE QU'IL FAUT EN RETENIR

Grâce à leur super-organisme, les algues et les vers peuvent s'ancrer dans le sable lors des marées et se cacher des prédateurs.

LA POTION MAGIQUE QUI DOUBLE LA VIE… DES LOMBRICS !

Caenorhabditis elegans (C. elegans), un petit ver transparent d'un millimètre environ, est l'objet de toutes les études par les biologistes qui étudient le vieillissement humain. Pourquoi un lombric, me direz-vous ? Eh bien, parce qu'il se reproduit très facilement, que sa gestation ne dure que 16 heures, sa vie 3 semaines, que tous les individus sont strictement identiques… mais surtout, parce que les scientifiques connaissent parfaitement sa physiologie et son génome qui se trouve être similaire au génome humain sur de nombreux aspects.

Le principe de cette découverte transposée aux humains **permettrait de vivre beaucoup plus longtemps tout en restant en bonne santé.**

Jan Gruber, chercheur au Yale-NUS College de Singapour, a eu une idée plutôt révolutionnaire: prolonger son espérance de vie en combinant plusieurs traitements déjà reconnus pour avoir de tels effets. Des expériences antérieures menées par d'autres groupes de recherche avaient déjà montré que la rapamycine, un médicament actuellement administré après les greffes d'organes pour empêcher un rejet du système immunitaire, prolonge quelque peu la durée de vie de vers, d'insectes ou de souris. D'autres médicaments avaient aussi ce même bénéfice. Pourquoi ne pas les associer? Les deux premières molécules augmentèrent sensiblement l'espérance et la qualité de vie du ver *C. elegans*. La troisième doubla le tout!

Le prochain objectif poursuivi par Jan Gruber est de développer des modèles informatiques simulant l'action de nombreux médicaments antivieillissement dans le corps humain afin que les chercheurs puissent tester virtuellement non pas trois, mais des milliers de combinaisons supplémentaires et gagner de longues et fastidieuses années d'étude… et de vie!

Image au microscope des vers *Caenorhabditis elegans (C. elegans)* utilisés pour cette étude. Ce petit ver transparent d'environ un millimètre de longueur se nourrit principalement de bactéries. *C. elegans* a été introduit dans les laboratoires de génétique à la fin des années 1960 par Sydney Brenner pour répondre au besoin d'un organisme modèle génétique commun à tous les chercheurs. Ce dernier reçut le prix Nobel en 2012 pour ses travaux sur cet animal.

« Drug Synergy Slows Aging and Improves Healthspan through IGF and SREBP Lipid Signaling » par Gruber J. et coll.;

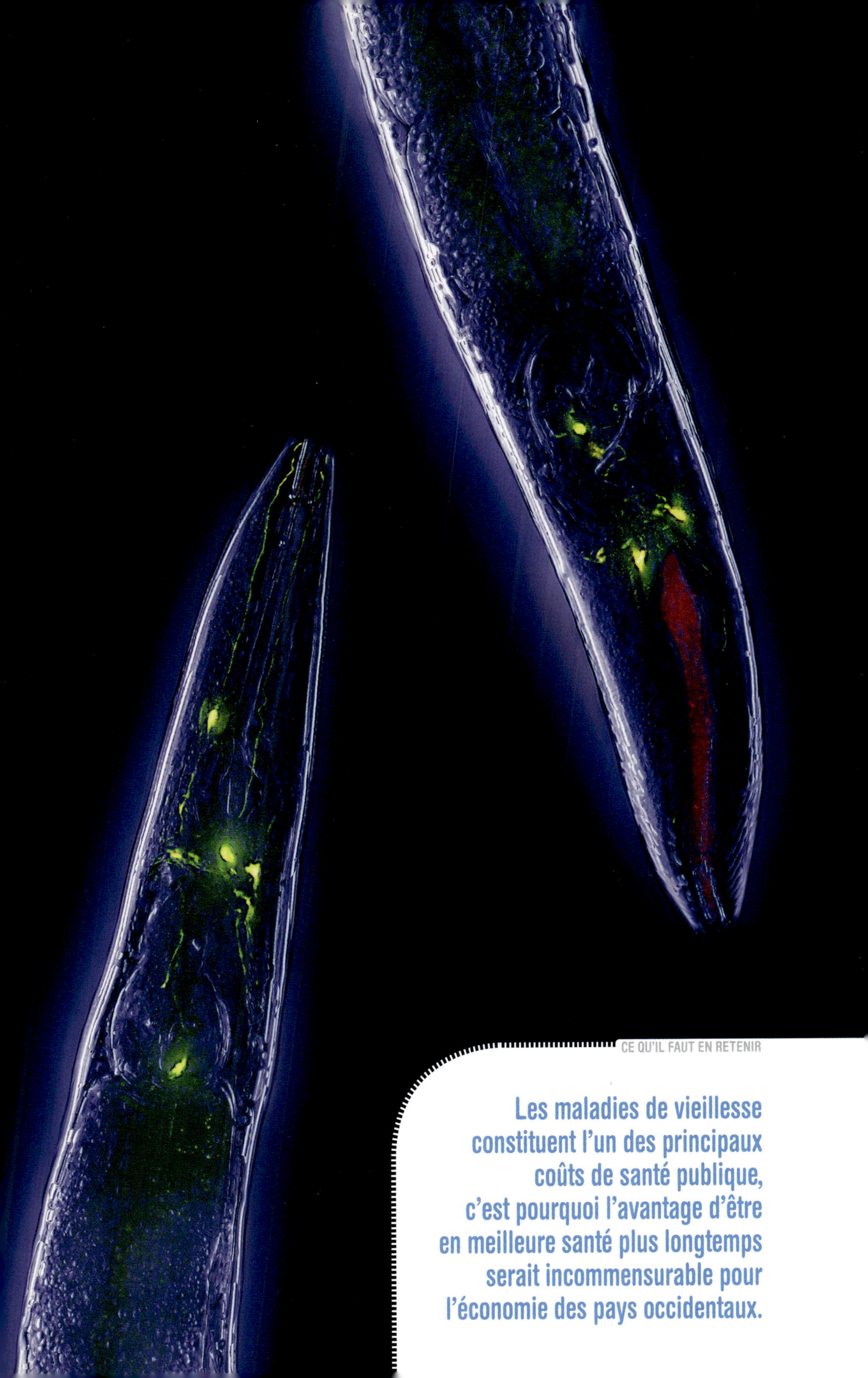

CE QU'IL FAUT EN RETENIR

Les maladies de vieillesse constituent l'un des principaux coûts de santé publique, c'est pourquoi l'avantage d'être en meilleure santé plus longtemps serait incommensurable pour l'économie des pays occidentaux.

La grenouille *Ranitomeya imitator* fait partie des espèces monogames ayant servi de modèle d'étude pour les chercheurs. Elle est originaire du Pérou et mesure de 1,7 à 2,2 centimètres.

© Adam Stuckert, University of New Hampshire

LA FORMULE UNIVERSELLE DE LA MONOGAMIE

Pourquoi certains animaux sont-ils attachés à leur compagnon et d'autres pas ? Selon une étude menée par des chercheurs de l'université du Texas portant sur dix espèces de vertébrés, « l'évolution » aurait utilisé une sorte de formule universelle pour transformer certaines espèces en animaux monogames, en inversant l'activité de quelques gènes.

Les chercheurs à l'origine de cette découverte définissent la monogamie dans le monde animal comme un « lien de couple » avec un partenaire pendant au

Des chercheurs ont découvert **24 gènes propres aux mâles monogames.**

« **Conserved transcriptomic profiles underpin monogamy across vertebrates** » **par Hans A. Hofmann et coll. ;** *PNAS*, **janvier 2019 ; DOI : 10.1073/pnas.1813775116**

moins une saison de reproduction, ceux-ci partageant également une partie du travail pour élever la progéniture et la défendre. Les animaux peuvent être déclarés « monogames » même s'ils se « remarient » la saison suivante !

L'étude dont il est ici question couvrait des spécimens sur 450 millions d'années d'évolution, la période la plus large possible pour étudier des animaux. Et les chercheurs ont comparé l'expression de gènes dans les cerveaux mâles de dix espèces : cinq paires d'espèces constituées chacune d'un membre monogame et d'un membre non monogame, soit quatre mammifères, deux oiseaux, deux grenouilles et deux poissons. Malgré la complexité de la monogamie en tant que comportement, ils ont constaté que les mêmes changements dans l'expression des mêmes gènes se produisaient à chaque fois. Les scientifiques concluent que cette découverte révèle – par-delà la notion de monogamie – un certain degré d'ordre dans la manière dont certains comportements sociaux complexes sont régulés par les gènes.

CE QU'IL FAUT EN RETENIR

L'évolution aurait imposé une formule universelle pour transformer certains animaux en reproducteurs monogames.

CHAPITRE 8

INSECTES

BUGPOCALYPSE OU L'EXTINCTION MASSIVE DES INSECTES

En 2014, une équipe internationale de biologistes a estimé qu'au cours des 35 dernières années, l'abondance d'invertébrés tels que les coléoptères et les abeilles avait baissé de 45 %. En Europe, le nombre d'insectes serait également en chute libre : en 2017, les chercheurs allemands ont relevé une diminution de 76 % des insectes volants dans les réserves naturelles du pays, et ce, en quelques décennies seulement. En 2018, une nouvelle étude lève le voile sur la perte surprenante d'insectes du nord au sud du continent américain. Pour autant, beaucoup de chercheurs ne sont pas convaincus que le changement climatique soit le moteur principal de la perte d'insectes à l'échelle mondiale. Certains arguent que le déclin de certaines espèces d'Europe du Nord précède le changement climatique, les disparitions ayant débuté dès les années 1950.

La réalité statistique de **la disparition massive des insectes** et la crise de la biodiversité qu'elle induit effraient les scientifiques.

Mais à ce stade, peu importe qu'il ne s'agisse pas uniquement de réchauffement climatique, l'essentiel étant une prise de conscience planétaire. En effet, selon une étude encore plus récente, la gravité de ces découvertes et ses conséquences pour les autres animaux, en particulier les vertébrés, est particulièrement alarmante sachant qu'il faudrait en théorie des millions d'années à la diversité des mammifères pour se remettre de la crise écologique actuelle et de la disparition massive des insectes…

Au-delà d'un certain seuil thermique, les abeilles ou les guêpes ne se reproduiront plus alors que 35 % des cultures agricoles dans le monde nécessitent d'être pollinisées pour nourrir l'humanité. Ci-contre, une abeille butinant une fleur de cerisier.

« Climate-driven declines in arthropod abundance restructure a rainforest food web » par Bradford C. Lister et coll.
PNAS, octobre 2018 ; DOI : 10.1073/pnas.1722477115
« Mammal diversity will take millions of years to recover […] » par Matt Davis et coll.
PNAS, octobre 2018 ; DOI : 10.1073/pnas.1804906115

CE QU'IL FAUT EN RETENIR

La perte d'insectes pourrait bouleverser la chaîne alimentaire des forêts vierges, entraînant la disparition d'espèces de plantes sans pollinisateurs, mais également d'animaux insectivores.

Les jeunes araignées boivent d'abord les gouttelettes déposées à la surface du nid, puis tètent directement la mère.

Ci-dessus, une goutte de lait ❶ à la surface de l'abdomen de l'animal ❷

LE LAIT D'ARAIGNÉE

Des entomologistes chinois se demandaient comment il était possible que chez une araignée sauteuse originaire d'Asie du Sud-Est, appelée *Toxeus magnus*, les jeunes grandissent à une vitesse fulgurante alors que ni eux ni leur mère ne quittent le nid pour recueillir de la nourriture. Jusqu'au jour où Zhanqi Chen de l'Académie chinoise des sciences, à l'origine d'une incroyable découverte, observe un bébé-araignée accroché au ventre de sa mère. « Et si… ? »

Certaines araignées produisent un lait bien **plus nutritif que le lait de vache**…

« Prolonged milk provisioning in a jumping spider » par Zhanqi Chen et coll. ;
Science, novembre 2018 ; DOI : 10.1126 / science. aat3692

Après avoir placé la mère sous le microscope et avoir doucement pressé l'abdomen, il a récolté quelques gouttelettes d'un fluide blanc crémeux ! L'analyse a révélé que ce liquide, ressemblant au lait, contient des matières grasses – et environ quatre fois plus de protéines que le lait de vache. Les scientifiques ignorent encore comment les araignées sont capables de produire un liquide aussi nutritif. Zhanqi Chen soupçonne que le lait pourrait être fabriqué à partir d'œufs non fertilisés que la mère aurait « recyclés », mais rien n'est encore prouvé...

Fait également très étonnant, il a observé que les araignées mères permettaient à leurs filles de retourner dans le nid après avoir atteint l'âge adulte alors que des soins maternels aussi prolongés n'avaient été observés que chez des vertébrés sociaux ayant une existence longue, comme les éléphants et les humains...

CE QU'IL FAUT EN RETENIR

Normalement, la sécrétion de lait est propre aux mammifères, l'observation d'un tel phénomène chez des invertébrés est particulièrement rare.

UN PARASITE TRANSFORME UNE GUÊPE EN ZOMBIE

Une nouvelle espèce de guêpe parasite baptisée « gardienne de crypte » ou « Euderus Set » semble avoir reçu à juste titre le nom de « Set », l'ancien dieu égyptien du mal et du chaos. Invitée malfaisante, elle grandit à l'intérieur de son hôte et prend petit à petit possession de son corps… Effrayant, n'est-ce pas ? Selon la mythologie égyptienne, la divinité maligne avait piégé son frère Osiris dans une crypte et l'avait tué puis coupé en petits morceaux… Le digne portrait de notre sympathique insecte aux yeux des scientifiques. Âmes sensibles, passez votre chemin. Cette nouvelle espèce a été découverte dans le sud-est des États-Unis. Fait surprenant, son hôte, la guêpe à galles est — aussi — une espèce parasite connue pour infester les chênes. Pour résumer, Euderus Set parasite Galles qui parasite le chêne.

Il s'agit d'un **exemple rare d'hypermanipulation**, c'est-à-dire un parasite qui manipule le corps d'un hôte, ce dernier étant lui-même un parasite manipulé…

Et une fois parasitée, Galles fusionne avec Euderus Set. Plus concrètement, Euderus Set s'entoure du corps de Galles, pour finalement placer sa tête dans celle de son hôte… juste avant de l'achever ! À partir de ce moment-là, la larve se nourrit, grandit et se nymphose à l'intérieur du corps de sa victime, récupérant même certaines de ses fonctions. Dès qu'elle est prête à ressortir à l'âge adulte, elle prend un raccourci… à travers la tête de sa proie, laissant apparaître une double tête « Euderus Set-Galles ». Vous êtes encore là ?

Ci-contre, la photographie au microscope montre parfaitement ses teintes métalliques brillantes, variant du vert olive au bleu irisé. Ses couleurs changent selon l'orientation de la lumière et l'âge de l'individu.

« Description of a new species […] : the crypt-keeper wasp » par Scott P. Egan et coll. ;

CE QU'IL FAUT EN RETENIR

Cette guêpe « gardienne de la crypte » mesure entre 1,2 et 2,3 millimètres de long seulement. Son corps est certainement l'un des plus petits, mais aussi des plus colorés de son espèce.

L'araignée-crabe déroule des dizaines de fibres de soie fines mesurant jusqu'à 3 mètres afin qu'elles se dispersent dans le vent. Elle ne se lance que lorsque la vitesse et le courant ascendant se situent dans des plages relativement étroites, ce qui augmente les chances d'un vol efficace.

L'INCROYABLE VOL DES ARAIGNÉES

Une étude vient de lever le voile sur l'astucieux système d'aéronef qui permet à certaines araignées de voyager en volant sur des centaines de kilomètres. De nombreuses espèces pratiquent ce type de déplacement pour se disperser, que ce soit pour chercher de la nourriture, des partenaires sexuels, ou de nouveaux territoires à coloniser.

Le vol de l'araignée sur des centaines de kilomètres est **un phénomène mystérieux** que les chercheurs peinent à expliquer.

« An observational study of ballooning in large spiders […] » par Moonsung Cho et coll. ; *PLOS ONE Biology*, juin 2018 ; DOI : 10.1371/journal. pbio.2004405

Grâce à une combinaison d'observations sur le terrain et d'expériences en soufflerie, les scientifiques ont découvert que de grandes araignées-crabes (espèces de *Xysticus*), d'une longueur d'environ 5 millimètres et pesant jusqu'à 25 milligrammes, évaluaient activement les conditions de vent en soulevant à plusieurs reprises leurs pattes antérieures et en s'orientant vers les bons courants aériens.

À des vitesses du vent inférieures à 3 m/s, avec des ascendants relativement légers, les araignées étirent plusieurs fibres de soie gonflantes d'une longueur moyenne de 3 mètres (mais pouvant aller jusqu'à 7 mètres, soit plus long qu'un authentique parachute !). Telle une montgolfière, ces fibres tissent une nappe triangulaire qui lui permettra de s'envoler.

Selon les calculs de dynamique des fluides effectués en laboratoire dans une soufflerie, l'araignée s'appuie sur les courants ascendants qui se forment dans les vents légers dans lesquels elle se lance, garantissant ainsi un vol réussi…

CE QU'IL FAUT EN RETENIR

L'observation d'araignées-crabes avant le décollage prouve que celles-ci savent évaluer et choisir les conditions météorologiques avec précision.

DES MOUCHES BIONIQUES POUR SURVEILLER LES ÉPIDÉMIES

Une équipe de recherche s'est lancée dans un projet pour le moins surprenant : utiliser des essaims de mouches pour surveiller les épidémies. En séquençant le matériel génétique de 116 mouches domestiques ainsi que tous les micro-organismes qu'elles transportent, l'équipe a découvert que chacun de ces insectes portait plusieurs centaines de bactéries différentes, dont certaines peuvent être nocives pour l'homme. En effet, les mouches ont des poils microscopiques sur toutes les parties du corps (à l'exception des yeux) et ces poils sont le support idéal pour le pollen et les bactéries. Il s'agit d'un véhicule optimisé du point de vue de l'évolution pour la dispersion des micro-organismes dans l'environnement.

Les mouches pourraient aider à surveiller les épidémies en agissant comme des **drones bioniques autonomes**.

Les scientifiques supposent que des mouches exemptes de germes, élevées sans aucun micro-organisme dans leur microbiome, pourront capter des microbiomes latents dans n'importe quel environnement. Puis, lorsque les mouches seront recapturées, leurs microbiomes pourront être séquencés, ce qui donnera des indices sur le type de bactéries rencontrées, agissant ainsi comme un système d'alerte précoce.

Première application concrète : des mouches utilisées en tant que drones bioniques autonomes pourraient être particulièrement précieuses en agriculture pour détecter l'arrivée d'un agent pathogène (c'est-à-dire qui transporte des maladies). Les agriculteurs pourraient alors organiser un traitement ciblé qui n'éliminerait que cette maladie, en laissant intact le reste de l'écosystème.

Les mouches prennent le microbiome sur leurs pieds, l'étendent sur leurs ailes de la même manière que nous pourrions nous peigner les cheveux, puis procèdent à sa dispersion sur les surfaces où elles se posent.

« The microbiomes of blowflies and houseflies as bacterial transmission reservoirs » par Ana Carolina M. Junqueira. ; *Nature Scientific Reports*, novembre 2017 ; DOI : 10.1038/s41598-017-16353

CE QU'IL FAUT EN RETENIR

Les maladies transmises par les mouches ont été une voie de recherche importante mais largement négligée par les médecins et les agronomes.

LA FOURMI QUI A OUBLIÉ DE VIEILLIR !

Ysabel Giraldo de l'université de Boston s'est intéressée, dans le cadre d'une expérience, à un paramètre peu considéré habituellement par les scientifiques : la sénescence des fourmis. Un intérêt de spécialiste, me direz-vous ? Absolument pas ! Le vieillissement des espèces les plus « sociales » nous en apprend comparativement beaucoup sur le vieillissement cellulaire humain, qu'il s'agisse d'insectes ou de rongeurs importe peu.

Presque tout le monde succombe aux ravages du temps… sauf, semble-t-il, une **espèce de fourmi oubliée des dieux**.

« Lifespan behavioural and neural resilience in a social insect » par Ysabel Milton Giraldo. ; *Proceeding of the royal society B.*, janvier 2016 ; DOI : 10.1098/rspb.2015.2603

Pheidole dentata, originaire du sud-est des États-Unis, n'est pas immortelle. Mais les scientifiques ont constaté qu'elle ne semblait pas montrer de signes physiologiques de vieillissement jusqu'à sa mort..

En laboratoire, les fourmis ouvrières *Pheidole dentata* vivent environ 140 jours, l'expérience s'est dcnc déroulée dans cet intervalle. Mais contrairement aux études précédentes qui estimaient approximativement leur âge, Ysabel Giraldo a calculé très précisément ce paramètre en partant du moment où la chrysalide était devenue adulte. Puis, elle a soumis les ouvrières à une gamme complète de tests, observant la vélocité des plus jeunes face aux plus vieilles. Or, à sa grande surprise, elle a constaté que les sujets les plus âgés étaient bien plus efficaces pour se saisir d'une proie ou pour nourrir les larves, par exemple. Mais ce phénomène étant soumis à son observation visuelle subjective, il convenait de recueillir des éléments scientifiques plus précis... C'est ainsi qu'elle a entrepris de comparer les cerveaux de fourmis âgées de 20 et de 95 jours, en identifiant les cellules en voie de disparition. Son étude n'explique pas comment un tel exploit est possible, mais le résultat prouve que l'on ne constate pas de différence majeure selon l'âge du cerveau ! Pour autant, si ces fourmis ne se détériorent pas avec l'âge, de quoi meurent-elles ?

CE QU'IL FAUT EN RETENIR

La composante sociale serait essentielle pour comprendre la neurobiologie du vieillissement.

L'araignée-crabe *T. nepenthiphilus* aide la plante de *N. gracilis* à capturer de nombreuses espèces de proies impossibles à attraper autrement.

© Lam Weng Ngai

UNE HISTOIRE D'AMITIÉ

L'écologiste et biologiste Hugh Tan de l'université nationale de Singapour (NUS) s'est intéressé aux étonnantes relations entre l'araignée-crabe *(Thomisus nepenthiphilus)* et la plante carnivore « plante pichet mince » *(Nepenthes gracilis)* en Indonésie.

L'araignée-crabe vit exclusivement **au sein de la minuscule plante carnivore** et lui fournit, tel un loyer, des éléments nutritifs supplémentaires.

« The crab spider–pitcher plant relationship is a nutritional mutualism that is dependent on prey'resource quality » par Weng Ngai Lam ;

À y regarder rapidement, on pourrait croire que la petite araignée vole sa minuscule amie, la plante carnivore. En effet, elle piège les mouches venues se nourrir du nectar malicieusement offert par la plante aux insectes de passage. Cependant, détrompez-vous, elle est loin de se contenter de dérober la nourriture de son hôte. Elle aspire les liquides organiques de l'insecte telle une canette de soda, mais prend garde de conserver sa carcasse qu'elle rend à la plante. Il faut bien laisser du menu fretin pour le personnel ! Cette carcasse contient encore des éléments nutritifs qui seront digérés par la plante.

Pour autant, les biologistes s'interrogent : s'agit-il de coopération ou de parasitisme ? Les deux, mon capitaine ! En période de disette, l'araignée attrape bien plus d'insectes que ne le ferait la plante toute seule. Même en ne se nourrissant que de carcasses, la collaboration génère un indéniable bénéfice mutuel sans lequel chacun risquerait de mourir de faim. En revanche, les scientifiques concluent qu'en période d'abondance, « plante pichet mince » n'a besoin de personne pour faire ses courses et que l'araignée n'est qu'un parasite !

CE QU'IL FAUT EN RETENIR

L'araignée et la plante collaborent pour le bénéfice et la survie de chacune.

LES ABEILLES PEUVENT COMPTER AVEC 4 CELLULES NERVEUSES

Afin de comprendre comment les abeilles comptent, les chercheurs ont simulé un « cerveau » très simple sur un ordinateur avec seulement quatre cellules nerveuses, soit bien moins qu'une véritable abeille (l'adage « qui peut le plus peu le moins » se vérifie dans la nature). Pour autant, ce « cerveau numérique » pouvait facilement dénombrer de petites quantités d'éléments, mais les uns après les autres, sans aucune vision globale, contrairement aux humains qui observent puis comptent l'ensemble. Selon les chercheurs, ce comportement simplifierait les tâches complexes de dénombrement et permettrait ainsi aux abeilles d'afficher des capacités cognitives impressionnantes avec un minimum de puissance cérébrale.

Les abeilles **peuvent résoudre des tâches arithmétiques** avec un très petit nombre de cellules nerveuses dans leur cerveau.

Des études précédentes avaient déjà montré que les abeilles pouvaient compter jusqu'à quatre ou cinq items, choisir le plus petit ou le plus grand chiffre d'un groupe et même préférer « zéro » lorsqu'elles y sont contraintes. Finalement, cette prouesse est atteinte non pas en assimilant des concepts numériques sophistiqués, mais en utilisant des mouvements de vol spécifiques pour inspecter de près chaque élément. Les scientifiques concluent que de nombreux animaux ayant peu de ressources cérébrales sont également susceptibles d'utiliser les mouvements de balayage pour simplifier d'autres tâches cognitives aussi complexes que l'identification de motifs visuels…

Le comportement numérique de l'abeille se retrouverait chez de nombreux insectes. Ici, un bourdon fait un choix parmi deux motifs contenant des nombres différents de cercles jaunes.

« Insect-Inspired Sequential Inspection Strategy Enables an Artificial Network of Four Neurons […] » par Vera Vasas ;

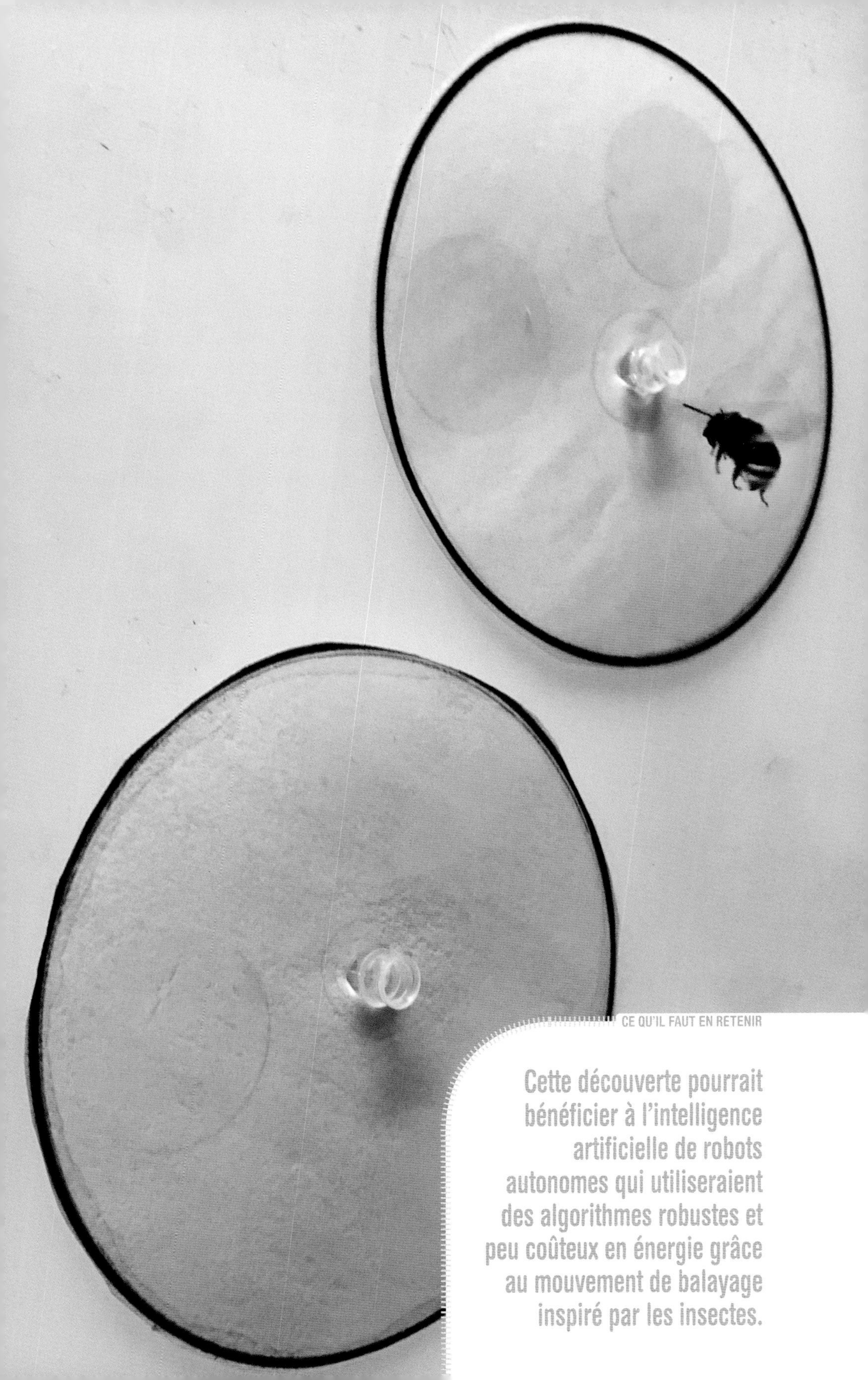

CE QU'IL FAUT EN RETENIR

Cette découverte pourrait bénéficier à l'intelligence artificielle de robots autonomes qui utiliseraient des algorithmes robustes et peu coûteux en énergie grâce au mouvement de balayage inspiré par les insectes.

LES ABEILLES ET LES GUÊPES RECONNAISSENT NOS VISAGES

Reconnaître visuellement un individu est essentiel pour interagir dans des sociétés animales complexes. Cette aptitude est souvent considérée comme étant le propre des structures cérébrales les plus élaborées. De nouvelles expériences démontrent que l'abeille domestique (*Apis mellifera*) et la guêpe européenne (*Vespula vulgaris*) bénéficient d'une reconnaissance fiable des visages… humains ! Et cela, malgré la petite taille de leur cerveau qui contient moins d'un million de cellules cérébrales, contre 86 000 millions pour un cerveau humain. Notre compétence humaine en matière de reconnaissance des visages repose essentiellement sur un traitement « holistique » de l'information visuelle : une fois que nous sommes familiarisés avec une tête, les différents éléments tels que les yeux, le nez, la bouche ou

Des insectes tels que l'abeille ou la guêpe utilisent des **mécanismes de traitement visuel** similaires à ceux des humains pour reconnaître nos visages.

les oreilles sont traités ensemble en tant que « gestalt » (une unité intégrant tous les éléments) afin de nous permettre d'identifier les personnes de manière fiable et rapide.

Les chercheurs ont voulu vérifier qu'une « gestalt » qui assemble les différentes caractéristiques visuelles parcellaires améliore grandement la précision de la reconnaissance, même avec un cerveau d'insecte ! Pour le prouver, ils ont testé des abeilles et des guêpes avec des visuels « holistiques » de visages. Plusieurs expériences ont ainsi démontré que, malgré le fait que ces insectes n'avaient aucune raison évolutive d'analyser des visages humains, leur cerveau apprenait malgré tout à les identifier de manière fiable… même si l'image était en noir et blanc !

Cette expérience a révélé la capacité des abeilles à analyser des informations visuelles complexes de manière holistique (globale), suggérant que ce traitement visuel sophistiqué pourrait être beaucoup plus répandu dans le règne animal qu'on ne le pensait auparavant. Ci-contre, un visage tel qu'une abeille le voit (simulation) ❶. Lors de l'expérience, les visages pouvaient être identifiés même s'ils étaient en noir et blanc ❷.

« Does Holistic Processing Require a Large Brain ? Insights From Honeybees and Wasps in Fine Visual Recognition Tasks » par Adrian G. Dyer and coll. ;

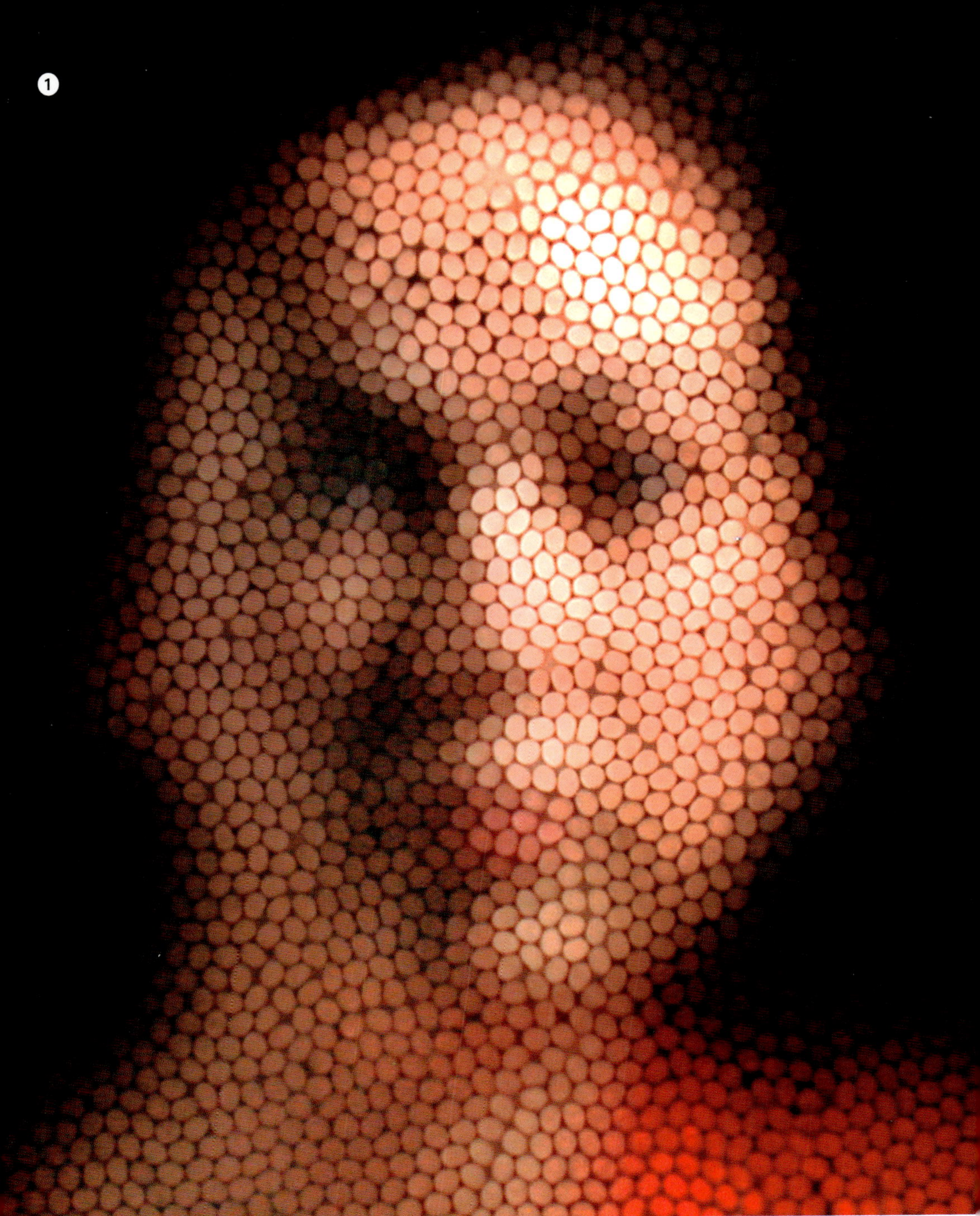

CE QU'IL FAUT EN RETENIR

Comprendre comment un petit cerveau peut résoudre efficacement des tâches complexes permet d'optimiser l'intelligence artificielle pour la faire fonctionner comme un cerveau biologique.

LA FOURMI ALTRUISTE PANSE LES BLESSURES DE SES CONGÉNÈRES

Les fourmis matabélés *(Megaponera analis)* mènent des vies dangereuses. Plusieurs fois par jour, des groupes de 200 à 600 soldats partent en chasse contre les termites. Ces dernières se défendent avec leurs puissantes mâchoires qui peuvent administrer des morsures mortelles. À chaque confrontation, les matabélés perdent ainsi plusieurs membres.

Lors d'une première observation, l'entomologiste allemand Erik Frank avait constaté que les fourmis matabélés ramenaient leurs blessés au nid. Et que ceux-ci pouvaient « demander » de l'aide en libérant une phéromone qui incitait les autres à les ramasser et à les porter. Lors d'une seconde étude, il est parvenu à filmer ce qui se passait dans le nid lorsque les blessés reviennent au bercail. Et le film est digne de la série *Urgences* ! Ils sont accueillis par des

La fourmi matabélé serait le tout premier animal jamais observé en train de soigner les blessures de ses semblables.

« infirmières » qui passent plusieurs minutes à lécher les blessures de leurs camarades tombés au combat. Sans elles, 80 % des fourmis ayant perdu un membre seraient décédées en quelques heures seulement. Parmi les soldats qui ont reçu des soins « médicaux », 90 % ont survécu ! Le chercheur a également observé ce qui se passait sur le terrain de bataille et a découvert que les matabélés savaient quels soldats blessés valaient la peine d'être sauvés et lesquels seraient une cause perdue… Selon Erik Frank, cette espèce vit dans de petites colonies où le taux de natalité est faible, c'est pourquoi leur comportement ne relève probablement pas de sentiments compassionnels, mais d'un instinct de survie collective…

❶ La colonie de fourmis matabélés part en guerre contre les termites.
❷ Combat entre une fourmi et une termite.
❸ Après le combat, la fourmi blessée est prise en charge…
❹ … puis transportée vers le nid.
❺ Une fourmi infirmière soigne un blessé en le léchant.
❻ L'entomologiste Erik Frank observe les fourmis qui rentrent au nid après la bataille.

« Wound treatment and selective help in a termite-hunting ant » par Erik T. Frank. ;
Proceeding of the royal society B, février 2018 ; DOI : 10.1098/rspb.2017.2457

CE QU'IL FAUT EN RETENIR

Les fourmis ne veulent pas aider celles qui ont perdu 5 pattes ou plus, car elles sont trop gravement blessées pour espérer être sauvées.

Pour survivre, les phasmes se fondent dans leur environnement en imitant à la perfection des brindilles (avec toutes leurs particularités : taille, nœuds, cicatrices des feuilles), des feuilles mortes ou vertes. Ce camouflage est poussé jusque dans leur façon de se mouvoir, puisque les phasmes-feuilles ❶ se déplacent lentement, par à-coups, telle une feuille ballottée par le vent… mais également dans leur façon de mourir, puisque l'insecte se laisse manger comme une plante à fruits ! ❷

© Hakuren Kato

LE PHASME-BÂTON VIT ET MEURT COMME UN FRUIT

Certains phasmes miment les végétaux en reproduisant la parfaite physionomie d'une tige (le phasme-bâton). D'autres poussent le camouflage jusqu'à imiter une feuille verte avec ses nervures et ses contours irréguliers légèrement grignotés par des insectes (le phasme-feuille). Mais la ressemblance ne s'arrête pas là !

Le phasme-bâton ne fait pas que ressembler à un végétal, **il imite également les modes de reproduction** des plantes à fruits… en se laissant manger !

« Potential role of bird predation in the dispersal of otherwise flightless stick insects » par Kenji Suetsugu et coll. ; *Ecology*, mai 2018 ; DOI : 10.1002/ecy.2230

Les plantes à fruits ont développé de multiples moyens tous particulièrement astucieux pour transporter leurs graines sur de grandes distances : des phasmes-bâtons ont poussé l'exploit jusqu'à mimer les fruits pour faire porter leurs œufs à des oiseaux telles des graines ! Le plus étonnant, c'est qu'ils obtiennent cette prouesse de leur principal prédateur, le bulbul à oreillons bruns.

En ingérant les phasmes, l'oiseau transporte leurs œufs sur des distances importantes, ceux-ci étant digérés et évacués par ses excréments… Des chercheurs japonais de l'université de Kobe ont pu constater qu'en moins de trois heures, 5 à 20 % de ces œufs avaient été déféqués et demeuraient complètement intacts – comme cela se serait déroulé si le bulbul avait digéré un fruit et essaimé une graine ! Ils ont éclos par la suite, à une distance inatteignable autrement que par les airs…

CE QU'IL FAUT EN RETENIR

Cette étrange relation entre un insecte et son prédateur explique enfin comment certaines îles éloignées ont pu être colonisées par les phasmes.

LA MUSIQUE ÉLECTRONIQUE POUR SE PROTÉGER DES MOUSTIQUES ?

Les scientifiques ont étudié le comportement du moustique *Aedes aegypti*, porteur de la dengue, lorsqu'il entendait de la musique électronique, et plus particulièrement l'influence que cela pouvait avoir sur sa façon de se nourrir, de se défendre ou de se reproduire. L'originalité de cette recherche a mis mon imagination en branle : que s'est-il passé dans l'esprit de cette équipe internationale de biologistes malaisiens, japonais et thaïlandais pour se lancer dans un sujet aussi hardi ? Pourtant, leurs conclusions font sens : les femelles moustiques attaquent moins vite et moins fréquemment après s'être « diverties » (expression utilisée par les scientifiques) par l'écoute de certains morceaux de musique électronique. Et les mâles ont moins copulé !

Le morceau de musique électronique *Scary Monsters and Nice Sprite* du DJ Skrillex **limite les piqures de moustiques porteurs de la dengue.**

Cette découverte ne concerne pas uniquement les moustiques dont on voudrait limiter les maladies qu'ils véhiculent, mais également les insectes pollinisateurs qu'il faut impérativement protéger des pollutions sonores. Dans le même registre, une autre étude révélait déjà l'impact néfaste de la musique d'AC/DC (Hard rock) sur l'alimentation des coccinelles, ce qui entraînait une densité plus élevée de pucerons et une biomasse végétale plus faible… Alors que les populations d'insectes sont en fort déclin dans le monde et que dans un même temps, les maladies transmises par les moustiques sont augmentées par le réchauffement climatique, la compréhension de l'impact des sons humains chez les invertébrés offre des perspectives de recherches aussi inédites que passionnantes !

Le morceau *Scary Monsters and Nice Sprites* sorti en 2010 est un mélange d'échantillonnage de bruits selon le style musical « dubstep », un rythme syncopé et une ligne de percussions accompagnée de longues notes de guitare basse. Les chercheurs ignorent encore pourquoi la fréquence hertzienne de ces sons influence les moustiques *Aedes aegypti* (page ci-contre).

« The electronic song *Scary Monsters and Nice Sprites* reduces host attack and mating success in the dengue vector Aedes aegypti » par Hamady Dieng et coll. ;
Acta Tropica, mars 2019 · DOI : 10.1016/j.actatropica.2019.02.027

CE QU'IL FAUT EN RETENIR

Cette découverte permettrait de nouvelles mesures de prévention de la dengue basées sur la musique.

CHAPITRE 9

ANIMAUX DOMESTIQUES

VOTRE CHAT SERA-T-IL CENTENAIRE ?

L'espérance de vie de nos compagnons félins a considérablement augmenté. Au début des années 1980, l'espérance de vie moyenne était de 7 ans, 9 ans au milieu des années 1990… et entre 12 et 15 ans aujourd'hui ! Si votre chat vieillit de manière saine, il est probable qu'il atteindra même la vingtaine, soit l'équivalent de 100 ans chez un humain. En effet, selon le Centre de santé du chat au collège vétérinaire de l'université de Cornell aux États-Unis, chaque année humaine équivaut à environ 5 ans.
Pour autant, des scientifiques se sont demandé ce que signifiait « bien vieillir » pour un chat. Et surtout, comment reconnaître chez un félin âgé les signes d'une bonne santé.

Le record de longévité avéré est détenu par **le chat Creme Puff qui atteignit 38 ans** avec une alimentation surprenante : bacon et œufs, asperges, brocolis et… café à la crème !

Deux grandes études ont rassemblé les connaissances de vétérinaires du monde entier sur les changements rencontrés chez les chats âgés, allant de l'usure du système musculo-squelettique à la santé cognitive et comportementale. Tel un enfant, s'il va bien, il joue ! Par ailleurs, il ne devra présenter aucun signe DISHA, un acronyme anglais également utilisé chez les chiens : D : désorientation, I : interactions modifiées (plus affectueux ou agressif), S : cycles de sommeil habituels, H : ne cause pas de salissure inhabituelle dans la maison et enfin A : diminution de ses activités et comportements répétitifs (léchage). Certains de ces signes étant des signes de pathologies, ils peuvent permettre de donner des alertes pour mieux soigner nos compagnons…

Avoir des propriétaires empathiques et prévenants pour la santé d'un chat n'est pas très utile s'ils ignorent quels sont les signes propres au vieillissement des chats qu'il faut surveiller.
Page ci-contre, un chat vieillissant de race maine coon.

« Aging in cats : Common physical and functional changes » par Jan Bellows et coll. ;

CE QU'IL FAUT EN RETENIR

La bonne santé d'un chat âgé dépend de l'aptitude de ses propriétaires à détecter et soigner dès que possible la moindre maladie.

Depuis l'Antiquité, on retrouve des témoignages de l'emploi de chats pour chasser les rats, notamment en milieu urbain. Les humains se seraient-ils trompés ? Ici, l'illustration de Gustave Doré de la fable « Le Chat et le Rat » de Jean de La Fontaine (Livre VIII).

LES CHATS CHOISISSENT LA FACILITÉ !

Des chercheurs ont filmé et suivi électroniquement des colonies de rats d'égout à New York pendant près de six mois. Parallèlement, ils ont également croisé quelque 250 chats errants. Et, à la surprise générale, les félins ont laissé tranquilles les rongeurs…

Contrairement aux idées reçues, les chats sont **de piètres chasseurs de rats**.

« Temporal and Space-Use Changes by Rats in Response to Predation by Feral Cats in an Urban Ecosystem » par Michael H. Parsons. ;

Pour être précis, il n'y a eu que 20 courses-poursuites. Sur ces 20 tentatives, seuls trois chats ont pu s'emparer au moins brièvement d'un rat. Et finalement, une seule victime est à déplorer !

Selon les chercheurs, il semblerait que les chats soient peu téméraires. Ils privilégient les proies les plus faciles telles que les lézards, les oiseaux, les blattes, éventuellement les petites souris. Ou, mieux encore, des restes de nourriture prêts à être ingérés. Mais les gros rats (dits « de Norvège »), ceux qui couinent très fort, dont les mâles pèsent 300 grammes, qui ont les dents acérées et l'intelligence redoutable, non. Sans façon, merci bien.

Par ailleurs, les scientifiques ont remarqué que les colonies adaptaient collectivement leurs trajets pour éviter de croiser un chat sur son territoire. Même si ces matous sont peureux, ne tentons pas le diable ! Cela expliquerait, par ailleurs, le faible nombre de chats rencontrés en six mois d'étude…

CE QU'IL FAUT EN RETENIR

Tout comme les humains, lorsqu'ils chassent, les chats choisissent les victimes ayant la moindre résistance. Ce qui implique, en premier lieu, les proies plus faciles.

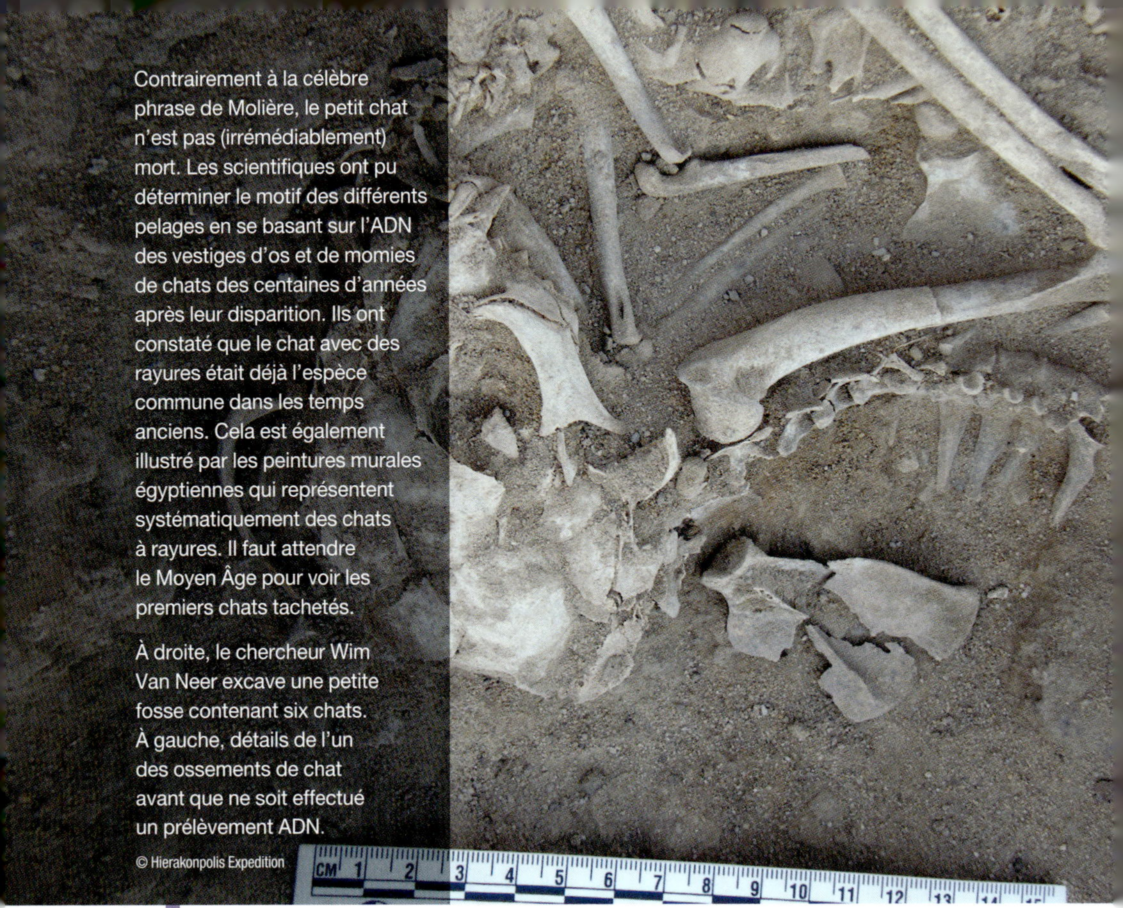

Contrairement à la célèbre phrase de Molière, le petit chat n'est pas (irrémédiablement) mort. Les scientifiques ont pu déterminer le motif des différents pelages en se basant sur l'ADN des vestiges d'os et de momies de chats des centaines d'années après leur disparition. Ils ont constaté que le chat avec des rayures était déjà l'espèce commune dans les temps anciens. Cela est également illustré par les peintures murales égyptiennes qui représentent systématiquement des chats à rayures. Il faut attendre le Moyen Âge pour voir les premiers chats tachetés.

À droite, le chercheur Wim Van Neer excave une petite fosse contenant six chats. À gauche, détails de l'un des ossements de chat avant que ne soit effectué un prélèvement ADN.

L'ORIGINE DES TOUT PREMIERS CHATS DOMESTIQUES

Le paléogénéticien belge Claudio Ottoni a entrepris de retrouver l'origine du chat domestique à travers son code génétique. Pour ce faire, il a réuni os, dents, peau et poils de plus de 200 chats datant de l'an 9 000 à 100 ans avant notre ère. Tous provenaient de sites archéologiques du Proche-Orient, d'Afrique et d'Europe. L'analyse ADN a révélé sans contestation possible que tous ces félins domestiqués descendaient du chat sauvage d'Afrique,

L'ADN retrouvé sur des sites archéologiques révèle que les origines de notre chat domestique se situent **au Proche-Orient et dans l'Égypte ancienne.**

« The palaeogenetics of cat dispersal in the ancient world » par Claudio Ottoni et coll. *Nature ecology & evolution*, juin 2017 ; DOI : 10.1038/s41559-017-0139

Felis silvestris lybica, une sous-espèce d'Afrique du Nord et du Proche-Orient. Dès lors, il est apparu évident que les premiers fermiers du Proche-Orient auraient domestiqué les chats il y a quelque 10 000 ans. En effet, on n'imagine difficilement les chasseurs-cueilleurs du Néolithique avec des chats, ce seraient plutôt les premières installations agricoles qui auraient très naturellement attiré les chats sauvages – à l'insu des fermiers –, celles-ci étant en proie aux rongeurs. Cela, en supposant qu'ils étaient bien moins paresseux que nos félins actuels ! (cf. page précédente). Les fermiers les ont alors certainement nourris ou protégés pour garder les stocks de céréales. Au fil du temps, la simple présence humaine aurait favorisé une sélection basée sur le comportement et conduit à la domestication « génétique » de l'animal (cf. « Le syndrome de la domestication »).

Les agriculteurs migrants ont emporté le chat domestiqué avec eux jusqu'en Égypte, une plaque tournante du négoce, ce qui lui a permis de se répandre en Occident par les navires de commerce…

CE QU'IL FAUT EN RETENIR

Preuve de l'exportation du chat africain partout en Europe, des ossements portant une signature égyptienne ont été retrouvés sur des sites vikings près de la mer Baltique…

LE CHIEN EST-IL PLUS INTELLIGENT QUE LE CHAT ?

Connaissez-vous Chaser, un chien célèbre pour avoir été dressé à reconnaître plus d'un millier de mots par son propriétaire spécialiste de la cognition canine ? Si cela ne nous étonne pratiquement pas, c'est que le chien apparaît dans la conscience collective comme l'animal le plus brillant. Mais qu'en est-il véritablement ? Les scientifiques ne sont-ils pas moins victimes que tout un chacun d'un parti pris pour « le meilleur ami de l'homme » ? En effet, les études sur le chien sont bien plus nombreuses que sur tout autre animal. Le chien pouvant être dressé, on peut l'adapter plus facilement à un protocole expérimental.

L'intelligence du chien par rapport aux autres animaux domestiques **serait surestimée…**

Stephen Lea, chercheur en psychologie à l'université d'Exeter en Grande-Bretagne, a voulu comparer la cognition des chiens à ce que l'on sait des autres espèces, notamment les loups, les chats, les chimpanzés, les dauphins, les chevaux ou les pigeons. La cognition correspondant aux capacités cérébrales ou à l'intelligence – même si ce terme est scientifiquement trop vague aux yeux des spécialistes. C'est ainsi qu'il a pu comparer les aptitudes sensorielles, physiques, spatiales, sociales et la conscience de soi de tous ces animaux. Bien que ses comparaisons soient incomplètes en raison du nombre restreint d'études menées chez certaines espèces, il conclut que l'intelligence du chien n'a rien d'exceptionnel si on le considère en tant qu'animal social domestique (comme tous les canidés). Tout dépend de l'aptitude mesurée et de la méthode employée pour y parvenir. La réhabilitation du pigeon serait-elle proche ?

Comparativement aux chats, il est beaucoup plus facile d'identifier des marques d'intelligence chez les chiens, car ils aiment être dressés. Ci-contre, la femelle Chaser, un border collie originaire de Caroline du Sud aux États-Unis, qui emporte le record de vocabulaire avec 1 022 noms de jouets reconnus !

« In what sense are dogs special ? Canine cognition in comparative context. » Par Lea SEG et coll. ;

CE QU'IL FAUT EN RETENIR

Bien que les chiens puissent décrypter des signaux humains, ils sont loin d'être les plus forts. Le grand dauphin et le phoque gris les dépassent largement dans cet exercice.

Pour réussir les formations canines, les chiens doivent être en mesure de résoudre des problèmes de manière flexible, et selon l'objectif à atteindre, montrer certaines aptitudes cognitives. Ici un chien passe le test cognitif canin mis au point par Evan MacLean et son équipe.

TEST DE QI POUR CHIEN

Les chiens sont devenus indispensables dans de très nombreux secteurs d'activité. Certains apprendront ainsi à guider les malvoyants, d'autres à sauter en parachute ou à détecter des explosifs. Mais ces emplois canins sont très difficiles à pourvoir, tous les chiens n'étant pas admissibles. Environ 50 % seulement des chiots qui entament un programme de formation le réussissent. De fait, les professionnels peuvent attendre jusqu'à plusieurs années pour obtenir un animal correctement formé. C'est ainsi

Un test d'intelligence basé sur les sciences cognitives détecte l'aptitude de chiens à remplir certains emplois avant même de les former.

« Enhanced Selection of Assistance and Explosive Detection Dogs Using Cognitive Measures » par Evan L. MacLean et coll. ;
Frontiers in Veterinary Science, octobre 2019 ; DOI : 10.3389/fvets.2019.00236

qu'Evan MacLean de l'université d'Arizona a eu l'idée de développer un test de sélection particulièrement innovant basé sur les sciences cognitives. En effet, si les caractéristiques physiques et le tempérament sont souvent pris en compte lors de la sélection, les aptitudes cognitives des animaux sont largement oubliées.

Pourtant, dans le cas des chiens d'assistance, les compétences sociales comme la capacité de surveiller de près les humains et celle de rester en contact visuel avec eux sont essentielles. Pour la détection de drogues ou d'explosifs, une bonne mémoire à court terme et une sensibilité au langage corporel, tel que les gestes du doigt, permettent de prédire le succès d'un chien policier.

Evan MacLean et ses collègues ont ainsi examiné la performance de plus de 400 chiens sur 25 mesures cognitives différentes en utilisant une batterie de tests basés sur le jeu, comme la dissimulation et la recherche d'objets. Finalement, ils ont été en mesure de prédire les 25 meilleurs chiens d'une formation canine de l'US Navy… avant même qu'elle ait débuté !

CE QU'IL FAUT EN RETENIR

À présent, les chercheurs tentent de déterminer si certaines compétences cognitives chez les chiens ont une base génétique qu'il serait possible de reconnaître dès la naissance.

LES CHEVAUX RECONNAISSENT LES ÉMOTIONS HUMAINES

Des chercheurs britanniques ont prouvé que les chevaux domestiques savaient décrypter, mais également mémoriser, les expressions émotionnelles des humains… Pour mener leurs expériences, ils ont présenté à des chevaux le portrait d'un visage humain en colère ou heureux. Puis, quelques heures plus tard, la personne photographiée se plaçait devant eux en chair et en os, arborant une posture aussi neutre que possible.

Pour la première fois, il est scientifiquement prouvé qu'un animal est **capable d'analyser et de mémoriser** les émotions humaines.

« Animals Remember Previous Facial Expressions that Specific Humans Have Exhibited » par Proops L. et Coll. ; *Current Biology*, mai 2018 ; DOI : 10.1016/j. cub.2018.03.035

Le cheval sujet de l'expérience découvre un visage souriant. Lorsqu'il rencontrera cette personne en chair et en os, son regard sera décrypté par les chercheurs.

Le simple fait d'avoir montré précédemment à l'animal, même rapidement, la photo d'un visage expressif était suffisante pour générer chez lui des réactions. L'étude a révélé par ailleurs que, bien que le sujet de l'expérience restât parfaitement immobile lors de la rencontre avec le cheval, l'orientation du regard traduisait de l'inquiétude dans la mesure où il l'avait déjà vu fâché sur une photo !

Comment, diable, savoir si le regard d'un animal est inquiet, me direz-vous ? Il est établi que les vertébrés ont tendance à voir les événements négatifs avec leur œil gauche en raison de la spécialisation de l'hémisphère droit du cerveau pour le traitement des stimuli menaçants – les informations provenant de la gauche étant analysées dans l'hémisphère opposé.

Ainsi, les chercheurs britanniques ont pu conclure que les équidés peuvent lire les expressions faciales humaines, s'en souvenir et adapter leur comportement en conséquence.

CE QU'IL FAUT EN RETENIR

Analyser et mémoriser les expressions faciales d'un individu permet aux chevaux d'identifier les humains pouvant constituer une menace…

LE CHIEN SAIT… QU'IL NE SAIT PAS

Des chercheurs du laboratoire DogStudies de l'Institut Max Planck en Allemagne ont tenté de montrer que les chiens avaient conscience de manquer d'informations pour résoudre un problème. Et que de fait, ils ressentaient le besoin de compléter leurs connaissances, comme le feraient des primates.
Pour observer ce talent présumé de nos compagnons à quatre pattes, les scientifiques ont conçu un dispositif avec deux clôtures en forme de V. Une récompense, sous forme de nourriture ou de jouet, était placée par un chercheur derrière l'une des clôtures, tandis qu'un autre chercheur tenait le chien. Dans certains cas, le chien pouvait voir où la récompense était placée, alors que dans d'autres cas, il ignorait l'emplacement.

Lors d'une expérience, les chiens ont montré qu'ils avaient **conscience de leur ignorance** et agissaient en fonction.

L'équipe a ensuite analysé la fréquence avec laquelle les chiens examinaient une ouverture dans la clôture avant de tenter leur chance. Conclusion de l'étude : statistiquement, les chiens vérifiaient plus souvent lorsqu'ils ignoraient où la récompense était cachée.
Cela établirait quelques preuves d'une possible capacité métacognitive. Cette capacité que l'on a longtemps crue uniquement humaine témoigne d'une activité mentale de propres processus mentaux, « penser sur ses propres pensées ». En somme, en sachant qu'il ignore, votre animal de compagnie réfléchirait comme nous ! Mais le sait-il seulement ?

Les résultats n'ont pas permis aux chercheurs de dire scientifiquement, de manière définitive, si les chiens possèdent une métacognition… bien qu'ils en aient montré les premières preuves.

« Metacognition in dogs : Do dogs know they could be wrong ? » Par Julia Belger et coll. ; *Learning & Behavior*, décembre 2018 ; DOI : 10.3758/s13420-018-0367-5

CE QU'IL FAUT EN RETENIR

Les chercheurs spécialisés en psychologie comparée étudient les spécificités entre les différentes espèces animales afin, notamment, d'en déduire des rapprochements avec les humains.

UN CERVEAU DE LAPIN

En 1859, Charles Darwin a écrit dans *L'Origine des espèces* qu'« aucun animal n'est plus difficile à apprivoiser que le lapereau sauvage, mais également qu'aucun animal n'est plus apprivoisé que le lapereau domestique ». En 2019, le biologiste ajouterait que ces comportements s'expliquent par la programmation génétique. Mais bien en aval de la génétique, une équipe internationale de scientifiques a voulu étudier pour la première fois l'impact physiologique de la domestication sur la morphologie du cerveau des animaux. Pour y parvenir, ils ont pris le cas du lapin domestique comparativement au lapin sauvage. Ils ont observé ces deux espèces à la lumière d'un scanner IRM à haute résolution.

Des scientifiques analysent **les conséquences cérébrales** de la domestication animale.

Les résultats démontrent que chez les lapins apprivoisés, la zone impliquée dans la détection du danger (l'amygdale) est de taille réduite alors que la zone contrôlant la réponse à la peur (le cortex préfrontal médial) est plus grande. Ce qui est assez logique puisqu'ils ne sont plus chassés par les aigles, les faucons, les renards ou les humains. Et qu'ils n'ont plus à demeurer alertes pour survivre. De plus, leur quantité de substance blanche est bien plus réduite, ce qui suggère que le traitement immédiat des informations est limité. Cela explique concrètement pourquoi le lapin de clapier réagit plus lentement et reste plus flegmatique que son homologue sauvage…

Alors que les différences génétiques entre des lapins sauvages et domestiques sont particulièrement faibles, les conséquences de la domestication sont très visibles sur le développement cérébral. Page ci-contre, une illustration du cerveau des lapins sauvages (à gauche) et domestiques (à droite). Ces derniers ont une amygdale réduite et un cortex préfrontal médian plus large, ce qui est logique puisqu'ils sont moins craintifs et n'ont plus besoin de fuir en permanence pour survivre.

« Changes in brain architecture are consistent with altered fear processing in domestic rabbits » par Irene Brusini et coll. ; PNAS, juillet 2018 ; DOI : 10.1073/pnas.1801024115

CE QU'IL FAUT EN RETENIR

Les lapins domestiques ont une architecture cérébrale altérée qui diminue leurs réactions émotionnelles, leurs capacités d'apprentissage et leur rapidité.

LE SYNDROME DE LA DOMESTICATION

Pour la première fois, une équipe de chercheurs de l'université de Zurich a voulu observer scientifiquement l'intégralité du passage de la vie sauvage à la domestication. Pour ce faire, ils ont parqué de 2002 à 2018 une population de souris sauvages (*Mus musculus domesticus*) dans une grange non loin de Zurich. Des contacts avec des humains avaient lieu plusieurs fois par semaine lorsqu'on leur apportait de l'eau et de la nourriture. Les souris ont progressivement perdu leurs peurs vis-à-vis des humains sans que

Saviez-vous que **tous les animaux domestiqués** ont – plus ou moins – des taches blanches, des oreilles tombantes, un cerveau plus petit et un museau plus court ?

« A longitudinal study of phenotypic changes in early domestication of house mice » par Madeleine Geiger et coll. ; *Royal Society Open Science*, mars 2018 ; DOI : 10.1098/rsos.172099

Si vous avez des doutes, regardez attentivement le pelage de l'animal de compagnie le plus proche : ils ont *a minima* une tache blanche. En biologie évolutive, c'est une suite de traits physiques communs à toutes les espèces animales qui permet de définir le « syndrome de domestication ».

ceux-ci n'interviennent en les dressant ou en guidant leur reproduction. Les scientifiques étaient simplement présents. Dès lors, les souris ont développé, en dix ans seulement, les premiers signes physiques de la domestication ; en l'occurrence, des taches blanches sur leurs fourrures brunes, ainsi que des museaux plus courts. Selon les conclusions des chercheurs, il semblerait qu'un petit groupe de cellules-souches issues « de la crête neurale » (zone du système nerveux lors de la gestation embryonnaire) soit responsable de ces changements comportementaux et physiques. En effet, les mélanocytes qui définissent la pigmentation de la peau sont générés par les mêmes cellules-souches à l'origine des glandes surrénales produisant des hormones de stress. Donc, plus les animaux sont dociles, moins ils sollicitent les hormones de stress et ces cellules-souches… ce qui induit des changements physiques qui se trouvent être des « effets secondaires » visibles de la domestication.

CE QU'IL FAUT EN RETENIR

Les biologistes de l'évolution supposent que le passage du loup sauvage au chien domestique a débuté sans notre participation active. Les loups qui vivaient près des humains sont devenus naturellement moins timides et moins agressifs.

DERNIÈRE MINUTE !

L'APPRENTISSAGE DE L'EMBRYON DE SEICHE

Certains animaux apprennent à reconnaître de nouveaux prédateurs dès la période embryonnaire. Très peu d'études expérimentent et analysent ce phénomène fascinant d'acquisition de connaissances in utero. Une équipe franco-taïwanaise s'est intéressée aux embryons de la seiche pharaon (*Sepia pharaonis*). Cette dernière réagit de manière innée à la présence d'un poisson prédateur grâce à sa vision – l'œuf qui les porte étant pratiquement transparent.

Les scientifiques sont parvenus à démontrer que l'embryon pouvait également apprendre à reconnaître par lui-même des dangers. En effet, en associant un stimulus non menaçant à un signal défensif tel que de l'encre de seiche, après plusieurs expositions répétées, les fœtus réagissaient à la présence d'un poisson inoffensif comme s'il était devenu dangereux.

Paru sur *BioRxiv* en décembre 2018 ; **DOI : 10.1101/508853**

LA PERSONNALITÉ DES CHIENS

Les chiens comme les humains ont des traits de caractère qui leur font avoir une humeur changeante selon le contexte auquel ils sont confrontés. Des chercheurs américains de l'université du Michigan ont prouvé que la personnalité de l'animal est également amenée à évoluer au cours de sa vie. Les scientifiques s'attendaient à ce que la personnalité des canidés soit assez stable dans la mesure où leur mode de vie est stable, mais il n'en est rien.

Ce changement influera sur ses rapports avec son maître, le fait de mordre ou même de tomber malade. Ils ont également validé la véracité du dicton « Tel maître, tel chien ». Les propriétaires partageaient des traits de personnalité spécifiques démontrant l'influence réciproque de l'animal avec les humains qui l'entourent. Ainsi, les maîtres les plus « extravertis » se définissant comme heureux ont jugé leurs chiens à la fois actifs et obéissants, tandis qu'à l'opposé les propriétaires introvertis éprouvant au quotidien des émotions négatives (comme l'anxiété par exemple) ont qualifié leurs chiens de plus craintifs, et de moins réceptifs au dressage.

Paru dans *Journal of Research in Personality* en janvier 2019 ; **DOI : 10.1016/j.jrp.2019.01.005**

LA PLUS GRANDE ABEILLE DU MONDE (RE)TROUVÉE

Une équipe internationale de scientifiques et de défenseurs de l'environnement a annoncé la découverte de ce que beaucoup considèrent comme le « Saint Graal » des découvertes d'insectes : l'abeille géante de Wallace. L'abeille a été nommée ainsi en l'honneur de l'entomologiste britannique Alfred Russel Wallace, le codécouvreur des théories de l'évolution et de la sélection naturelle avec Charles Darwin. Wallace a décrit l'abeille femelle, mais depuis le XIXe siècle, elle ne sera aperçue qu'une seule fois en 1981 ! « *Megachile pluto* » est la plus grande butineuse du monde avec une envergure de plus de 6 centimètres.
En janvier 2019, une équipe a redécouvert le célèbre animal dans les Moluques du Nord, un groupe d'îles indonésiennes. La découverte suscite l'espoir que d'autres forêts puissent également cacher des spécimens. L'objectif des chercheurs à présent, est d'utiliser cette redécouverte pour faire de cette abeille extraordinaire un symbole de protection des animaux d'Indonésie.

Montage photographique de l'abeille géante de Wallace mesurant plus de 6 cm comparée à une abeille commune de 1 cm.

NEZ DE CHIEN *Vs* NEZ DE SOURIS ARTIFICIEL

Chaque jour, des milliers de chiens entraînés détectent des stupéfiants, des explosifs et des personnes disparues. Ces chiens sont inestimables pour la sécurité, mais ils sont également coûteux. Des scientifiques de l'université de Duke aux États-Unis ont ouvert une voie de recherche rendant possible à très court terme un dispositif artificiel que les agents de sécurité pourraient utiliser à la place des chiens. Le cœur du système serait constitué de récepteurs d'odeurs vivants issus de gènes de souris réagissant à des odeurs ciblées, notamment les odeurs de cocaïne et d'explosifs. Les génomes de l'humain, du chien et de la souris contiennent environ 20 000 gènes qui sont autant d'instructions pour créer des protéines capables de faire évoluer notre corps et de percevoir notre environnement.

Chez les souris, **plus de 5% du génome de l'animal** ne sont réservés qu'aux instructions olfactives.

En exploitant les gènes du rongeur, la détection de certaines odeurs ciblées est rendue visible par des réactions chimiques rendant les molécules luminescentes.
La reconstruction des composants clés du mucus nasal pourrait être la prochaine étape vers la construction d'un nez artificiel omnipotent.
Pour y parvenir, les chercheurs ont créé un milieu liquide contenant des molécules capables de s'éclairer à la suite de réactions. Ensuite, ils ont copié environ 80 % des récepteurs d'odeurs de souris et les ont mélangés à sept produits chimiques d'odeur ciblés dans le support.

Paru dans *Nature communication* en novembre 2018 ; **DOI : 10.1038/s41467-018-06806-w**

UN POISSON RÉUSSIT LE TEST DU MIROIR

Le Labre nettoyeur commun (*Labroides dimidiatus*), un poisson des mers tropicales, réagit à son image réfléchie dans un miroir et tente de supprimer les marques ajoutées par les scientifiques sur son corps, validant ainsi le test du miroir mis au point dans les années 1970 par le chercheur américain Gordon Gallup – la référence la plus fiable scientifiquement pour déterminer la conscience de soi chez les animaux. Cette découverte prouve une nouvelle fois que les poissons possèdent des pouvoirs cognitifs bien supérieurs à ce que l'on pensait, et déclenche chez les spécialistes un débat d'envergure concernant la façon dont nous évaluons l'intelligence des animaux…

Paru dans *PlosOne* en février 2019 ; **DOI : 10.1371/journal.pbio.3000021**

L'OISEAU QUI VIE, MANGE ET DORT DANS LES AIRS

Les martinets noirs ont une espérance de vie de plus de 30 ans, un âge particulièrement respectable pour un oiseau. Les chercheurs pensent que cette longue vie est due au fait que les martinets passent une grande partie de leur vie dans les airs, une zone où les prédateurs ne peuvent pas les surprendre de la même manière que sur le sol ou dans un nid. En outre, lorsqu'ils sont vol, les martinets subissent beaucoup moins d'insectes parasites. En utilisant des enregistreurs de micro-données attachés aux oiseaux, les chercheurs ont mesuré le mouvement de leurs ailes. En utilisant cette méthode, les chercheurs ont pu vérifier que les oiseaux vivaient des mois dans les airs pendant l'hiver en Afrique. Ils n'atterrissent que pour se reproduire sous une tuile ou dans un trou, et vivent dans le ciel le reste du temps. Dès qu'ils sont en vol, ils se nourrissent d'insectes. Et lorsqu'ils atteignent une altitude suffisamment élevée, ils la maintiennent en planant. Leur sommeil ? Par micro-siestes bien sûr !

Paru dans *Avian biology* en janvier 2019 ;
DOI : 10.1111/jav.01972

L'efficacité énergétique du martinet lui permet de manger et dormir dans les airs.

LA RÉGULATION DU BRUIT DANS L'OCÉAN

L'audition est un sens primordial chez les mammifères marins. Le son leur permet des fonctions essentielles sous l'eau telles que la communication, la navigation, la recherche de nourriture ou la prévention des dangers. Un groupe d'experts a publié une évaluation complète des connaissances scientifiques disponibles sur de ces pollutions, et leurs conclusions interpellent. On y apprend que les mammifères marins ne sont pas différents des humains : des bruits forts ou simplement répétés modifient leurs capacités d'écoute et de vocalisation, ce qui peut bouleverser leur environnement, déplacer des populations et même causer à terme la disparition des espèces les plus sensibles.

La pollution sonore en milieu marin est un phénomène totalement ignoré par les pouvoirs publics.

Qu'ils s'agissent de parcs éoliens en haute mer, d'appareils de captation des ondes sismiques ou de fréquences radio de navires, les océans sont loin d'être le monde du silence décrit par Jacques-Yves Cousteau. Les scientifiques concluent cette étude en réclamant une réglementation internationale pour limiter le bruit au même titre que les autres formes de pollutions écologiques.

Paru dans *Aquatic Mammals* en mars 2019 ; **DOI : 10.1578/AM.45.2.2019.125**

LE MIMÉTISME FACIAL DU PLUS PETIT OURS DU MONDE

L'adorable ours malais (*Helarctos malayanus*) qui vit dans les forêts tropicales d'Asie du Sud-Est, est certainement le plus petit ours de la planète. Des chercheurs ont découvert que cette peluche vivante est capable d'imiter les expressions du visage d'un autre congénaire. Cette aptitude met en doute la suprématie des humains et autres primates dans cette forme de communication subtile.

C'est la première fois qu'un mimétisme facial aussi précis est observé en dehors des humains et des gorilles. Le plus surprenant étant peut-être que l'ours malais n'a pas de vie sociale très développée. Dans son environnement sauvage, il est plutôt solitaire. Ce qui suggère – selon les scientifiques – que les expressions faciales seraient une caractéristique propre à l'ensemble des mammifères et non simplement aux primates.

Paru dans *Nature* en mars 2019 ; **DOI : 10.1038/s41598-019-39932-6**

L'ANIMAL LE PLUS COMMUN DE LA PLANÈTE...

Il a peut-être l'impact le plus important sur l'écosystème terrestre ! Le copépode libère des substances uniques dans les océans. Selon une découverte surprenante de l'université de Göteborg, la concentration de ces substances est suffisamment élevée pour affecter le réseau trophique marin, les interactions alimentaires entre les espèces consommatrices et leur nourriture (les prédateurs et les proies). En été, il peut y en avoir plus de 100 par litre d'eau de mer. Les substances que les copépodes libèrent dans l'eau de mer s'appellent des « copépodamides ». Lorsque le phytoplancton – l'ensemble des organismes végétaux vivants en suspension dans l'eau – perçoit les copépodamides, ils activent leurs mécanismes de défense pour éviter d'être mangés. Certains produisent alors des toxines. Finalement, les copépodamides semblent être la clé du mécanisme expliquant la mystérieuse prolifération d'algues toxiques sur de nombreux littoraux de la planète.

Paru dans *Science advances* en février 2019 ; DOI : 10.1126/sciadv.aat5096

Erik Selander du Département des sciences de la mer de l'Université de Göteborg à l'origine de cette découverte, compare l'effet des copépodamides libérés par les cépépodes dans les océans à celui des hormones dans le corps : de très petites quantités produisent de grands effets systémiques.

LES LAPINS PRÉFÈRENT LES PLANTES RICHES EN ADN

Le génome correspond à l'ensemble cumulé des molécules ADN dans les cellules d'un organisme. Plus le génome est « gros », plus la quantité d'ADN est élevée. Des chercheurs ont établi un lien surprenant entre les goûts des herbivores pour certaines espèces de plantes et la taille de leur génome. A contrario des lapins qui apprécient les espèces végétales riches en ADN, les invertébrés comme les escargots ou les insectes préfèrent indéniablement les petits génomes. Les scientifiques suggèrent que la taille du génome pourrait être utilisée dans les modélisations écologiques prédisant l'adaptation de la nutrition des espèces animales dans le cadre des bouleversements écologiques à venir…

Paru dans *Proceeding of royal B.* en mars 2019 ; **DOI : 10.1098/rspb.2018.2619**

LES OISEAUX RÉGULENT LEUR POIDS

Constatant que les oiseaux chanteurs, tels que les pinsons, ne semblent jamais grossir malgré les excès alimentaires, le biologiste britannique Lewis Halsey s'est demandé si la quantité d'énergie que les oiseaux consacrent au chant, aux agitations ou à l'exercice pouvait être ajustée de manière à réguler leur poids.

Comment les oiseaux font-ils pour conserver toujours le même poids, **même lorsqu'ils mangent trop ?**

Le chercheur témoigne son étonnement devant ces oiseaux qui bénéficient de nourriture à volonté dans leur mangeoire. Il semblerait que – pour une quantité donnée de nourriture – certains animaux puissent ajuster leur efficacité énergétique, par exemple en modifiant la fréquence des battements d'ailes ou en adoptant des schémas de chant pour utiliser plus ou moins d'énergie.

Lewis Halsey rappelle que l'énergie n'est pas ce qui est ingéré par le bec, mais ce qui est absorbé dans l'intestin, puis consommé par les cellules. La maîtrise de la physiologie digestive des oiseaux pourrait-elle nous apprendre à contrôler celle des humains ?

Paru dans *Trends in ecology evolution* en octobre 2018 ; **DOI : 10.1016/j.tree.2018.08.004**

LES CHIENS ET LES CHATS VÉGÉTALIENS MALGRÉ EUX

Des chercheurs canadiens ont mené une enquête en ligne auprès de 3 673 propriétaires de chiens et de chats du monde entier afin d'étudier leur mode d'alimentation. L'enquête a révélé que 35 % des propriétaires d'animaux dont les animaux suivaient une alimentation conventionnelle souhaitaient les faire passer à un régime végétalien !

Les chercheurs ignorent les conséquences du **régime végétalien pour les chiens et les chats.**

Pour l'instant, les scientifiques ignorent encore quelles conséquences auront ces bouleversements sur la santé de nos compagnons… même si certains industriels proposent déjà une offre marketing adaptée aux propriétaires végétaliens.

Paru dans *PlosOne*, « Plant-based (vegan) diets for pets », en janvier 2019 ; DOI : 10.1371/journal.pone.0210806

Les propriétaires d'animaux de compagnie ont tendance à offrir à leurs chiens et à leurs chats la même alimentation que pour eux… a fortiori s'ils sont végétaliens.

LE CO_2, FAST-FOOD DES FORÊTS

Les forêts du monde suivent un régime de restauration rapide à base de dioxyde de carbone qui les pousse actuellement à se développer plus rapidement à cause de la pollution mondiale. Mais Brenden McNeil, chercheur aux États-Unis, a trouvé des preuves que la croissance des forêts pourrait bientôt atteindre son maximum car les arbres épuisent l'azote dans le sol avec de trop longues périodes de croissance comme celle qu'ils rencontrent actuellement.

La forêt amazonienne aurait déjà commencé à rejeter plus de CO_2 qu'elle n'en absorbe, **perdant ainsi sa fonction de protection naturelle contre le changement climatique.**

Les écologistes veulent répondre à cette question clé : pendant combien de temps les forêts vont-elles ralentir le changement climatique en absorbant le CO_2 et nous protéger d'un climat encore plus chaotique ? Par ailleurs, en bouleversant la croissance des forêts, nous risquons de perdre la stabilité des écosystèmes sur lesquels nous comptons pour nous protéger des phénomènes météorologiques extrêmes…

Paru dans *Nature Ecolgy et Evolution* en octobre 2018 ; **DOI : 10.1038/s41559-018-0694-0**

QUAND UN DRONE ROBOTISÉ DÉVIE DES OISEAUX D'UNE ZONE DANGEREUSE

Les oiseaux peuvent menacer la sécurité des avions et de leurs passagers. Aux États-Unis, 142 000 impacts d'oiseaux ont détruit 62 avions civils, causés 279 blessés et 25 morts entre 1990 et 2013. Au Royaume-Uni, 1 835 impacts avérés ont été confirmés et près de 800 en France. Au total, les impacts d'oiseaux avec des avions seraient à l'origine de plus d'un milliard d'euros de dommages chaque année dans le monde. À la recherche de solutions innovantes pour éviter ces collisions aux abords des aéroports, des scientifiques sont parvenus à modéliser la dynamique des groupes d'oiseaux sauvages, plus précisément les interactions entre la tête de la formation et les poursuivants. Cette modélisation leur a permis de concevoir un algorithme pour qu'un drone jouant le rôle d'oiseau de tête dans la formation, entre dans le groupe et puisse l'éloigner de manière totalement automatisée, sans jamais briser leur formation !

Paru dans *IEEE Transactions on Robotics* en août 2018 ; **DOI : 10.1109/TRO.2018.2853610**

UN QUART DES VERTÉBRÉS MEURT À CAUSE DES HUMAINS

Selon une étude récemment publiée, les humains ont un « effet extrêmement disproportionné » sur les autres espèces de vertébrés qui partagent la surface de la Terre, causant plus de 25 % des décès dans le monde. Les chercheurs expliquent que nous savons tous que les humains peuvent avoir un effet considérable sur la faune. Mais le fait que nous ne soyons qu'une espèce parmi plus de 35 000 vertébrés terrestres et que plus du quart de leur mort soit directement causé par nous donne une idée de l'ampleur de la catastrophe que nous provoquons.
L'étude comprend des espèces de mammifères, d'oiseaux, de reptiles et d'amphibiens disparus en Amérique du Nord et du Sud, en Europe, en Asie, en Afrique et en Océanie entre 1970 et 2018. Les biologistes ont analysé les décès de cause connue parmi 120 657 animaux appartenant à 305 espèces de vertébrés. Les animaux les plus grands étaient bien plus susceptibles d'être tués par les humains que des espèces plus petites.

Paru dans *Global ecology and biogeography* en janvier 2019 ; **DOI : 10.1111/geb.12881**

Selon une étude récente, parmi les têtes de liste de vertébrés mis en danger ou tués par les humains se trouve le cerf de Virginie dont la moitié des faons n'atteignent jamais leur premier anniversaire.

Derrière chacune de ces découvertes se trouve une équipe de recherche. L'auteur tient à remercier les quelque 550 scientifiques originaires de plus de 23 pays et affiliés à plus d'une cinquantaine d'universités différentes. Et plus particulièrement parmi eux, les 104 chercheurs passionnés (leurs noms sont cités dans chacune des références) qui ont contribué au contenu de l'ouvrage en répondant aux questions, en apportant leurs illustrations ou en vérifiant les textes de l'auteur. Sans eux, un tel livre n'aurait pas été possible.

Je dédie cet ouvrage à mes trois enfants, Gabrielle, Théodore et Augustin, ainsi qu'à mon épouse Perrine.